国家基本职业培训包（指南包 课程包）

无人机驾驶员

人力资源社会保障部职业能力建设司编制

U0343855

中国劳动社会保障出版社

图书在版编目（CIP）数据

无人机驾驶员 / 人力资源社会保障部职业能力建设司编制 . -- 北京：中国劳动社会保障出版社，2021

国家基本职业培训包：指南包　课程包

ISBN 978-7-5167-5148-0

Ⅰ.①无… Ⅱ.①人… Ⅲ.①无人驾驶飞机 - 驾驶术 - 职业培训 - 教材　Ⅳ.①V279

中国版本图书馆 CIP 数据核字（2021）第 249656 号

中国劳动社会保障出版社出版发行

（北京市惠新东街 1 号　邮政编码：100029）

*

三河市华骏印务包装有限公司印刷装订　新华书店经销

880 毫米 ×1230 毫米　16 开本　7 印张　124 千字

2021 年 12 月第 1 版　2023 年 11 月第 3 次印刷

定价：**21.00 元**

营销中心电话：400-606-6496

出版社网址：http://www.class.com.cn

编 制 说 明

为全面贯彻落实习近平总书记对技能人才工作的重要指示精神，进一步增强职业技能培训针对性和有效性，不断提高培训质量，培养壮大创新型、应用型、技能型人才队伍，按照《人力资源社会保障部办公厅关于推进职业培训包工作的通知》（人社厅发〔2016〕162号）的工作安排，我部持续组织开发培训需求量大的国家基本职业培训包，指导开发地方（行业）特色职业培训包，力争全面建立国家基本职业培训包制度，普遍应用职业培训包高质量开展各类职业培训。

职业培训包开发工作是新时期职业培训领域的一项重要基础性工作，旨在形成以综合职业能力培养为核心、以技能水平评价为导向，实现职业培训全过程管理的职业技能培训体系，这对于进一步提高培训质量，加强职业培训规范化、科学化管理，促进职业培训与就业需求的有效衔接，推行终身职业培训制度具有积极的作用。

国家基本职业培训包由指南包、课程包和资源包三个子包构成，是集培养目标、培训要求、培训内容、课程规范、考核大纲、教学资源等为一体的职业培训资源总和，是职业培训机构对劳动者开展政府补贴职业培训服务的工作规范和指南。

国家基本职业培训包遵循《职业培训包开发技术规程（试行）》的要求，依据国家职业技能标准和企业岗位技术规范，结合新经济、新产业、新职业发展编制，力求客观反映现阶段本职业（工种）的技术水平、对从业人员的要求和职业培训教学规律。

《国家基本职业培训包（指南包　课程包）——无人机驾驶员》是在各有关专家的共同努力下完成的。参加编审的主要人员有柯玉宝、王英勋、段志勇、陈铭、孙毅、张会军、周扬、王夏峥、郝琦、孟雅妮、郭知疑、何宁、陈海霞、张力、孙芳芳、梁文广。在编制过程中得到了中国航空器拥有者及驾驶员协会、北京航空航天大学无人系统研究院、北京航空航天大学直升机研究所、清华大学合肥公共安全研究院、北京长鹰未来花园教育科技有限公司、北京优云智翔航空科技有限公司、北京享飞就飞航空俱乐部有限公司、未来十（北京）科技有限公司等有关单位的大力支持，在此一并致谢。

人力资源社会保障部职业能力建设司

国家基本职业培训包编审委员会

目 录

附录　培训要求与课程规范对照表

1

指南包

1.1 职业培训包使用指南

1.1.1 职业培训包结构与内容

无人机驾驶员职业培训包由指南包、课程包和资源包三个子包构成，结构如下图所示。

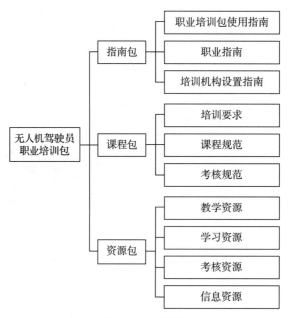

职业培训包结构图

指南包是指导培训机构、培训教师与学员开展职业培训的服务性内容总和，包括职业培训包使用指南、职业指南和培训机构设置指南。职业培训包使用指南是培训教师与学员了解本职业培训包内容、选择培训课程、使用培训资源的说明性文本，职业指南是对职业信息的概述，培训机构设置指南是对培训机构开展职业培训提出的具体要求。

课程包是培训机构与教师实施职业培训、培训学员接受职业培训必须遵守的规范总和，包括培训要求、课程规范、考核规范。培训要求是参照国家职业技能标准、结合职业岗位工作实际需求制定的职业培训规范。课程规范是依据培训要求，结合职业培训教学规律，对课程设置、课堂学时、课程内容与培训方法等所做的统一规定。考核规范是针对课程规范中所规定的课程内容开发的，能够科学评价培训学员过程性学习效果与终结性培训成果的规则，是客观衡量培训学员职业基本素质与职业技能水平的标准，也是实施职业培训过程性与终结性考核的依据。

资源包是依据课程包要求，基于培训学员特征，遵循职业培训教学规律，应用先进职业培训课程理念，开发的多媒介、多形式的职业培训与考核资源总和，包括教学资源、学习资源、考核资源和信息资源。教学资源是为培训教师组织实施职业培训教学活动提供的相关资源，学习资源是为培训学员学习职业培训课程提供的相关资源，考核资源是为培训机构和教师实施职业培训考核提供的相关资源，信息资源是为培训教师和学员拓宽视野提供的体现科技进步、职业发展的相关动态资源。

1.1.2　培训课程体系介绍

无人机驾驶员职业培训课程体系依据职业技能等级分为职业基本素质培训课程、五级／初级职业技能培训课程、四级／中级职业技能培训课程、三级／高级职业技能培训课程、二级／技师职业技能培训课程和一级／高级技师职业技能培训课程，每一类课程包含模块、课程和学习单元三个层级。无人机驾驶员职业培训课程体系均源自本职业培训包课程包中的课程规范，以学习单元为基础，形成职业层次清晰、内容丰富的"培训课程超市"。

无人机驾驶员职业培训课程学时分配一览表

职业技能等级	课堂学时		其他学时	培训总学时
	职业基本素质培训课程	职业技能培训课程		
五级／初级	74	32	35	141
四级／中级	70	52	40	162
三级／高级	40	65	45	150
二级／技师	28	56	50	134
一级／高级技师	16	56	55	127

注：课堂学时是指培训机构开展的理论课程教学及实操课程教学的建议最低学时数，其中职业基本素质培训课程为理论知识培训课程，职业技能培训课程包含理论知识和操作技能培训课程。除课堂学时外，培训总学时还应包括岗位实习、现场观摩、自学自练等其他学时。

（1）职业基本素质培训课程

模块	课程	学习单元	课堂学时
1．职业认知与职业道德	1-1　职业认知	职业认知	1
	1-2　职业道德	职业道德	1

续表

模块	课程	学习单元	课堂学时
2．无人机基础知识	2-1 无人机概述	（1）无人机相关概念及应用	1
		（2）无人机分类	1
	2-2 无人机发展历程	无人机发展历程	1
3．无人机系统组成	3-1 飞行器	飞行器	6
	3-2 控制站	（1）航行要素	1
		（2）控制站显示系统	2
		（3）控制站操控系统	2
	3-3 通信链路	（1）通信链路概述	2
		（2）机载链路设备	1
		（3）地面链路设备	1
4．飞行原理	4-1 国际标准大气	国际标准大气	1
	4-2 空气动力学基础	（1）牛顿三大运动定律	1
		（2）力的平衡与分解	1
		（3）翼型与气动力	1
		（4）升力	2
		（5）阻力	1
		（6）升阻特性	1
		（7）特殊气动状态	1
	4-3 机动飞行中的空气动力	机动飞行中的空气动力	2
5．无人机结构及性能	5-1 无人机结构	（1）固定翼无人机结构及性能	2
		（2）无人直升机结构及性能	2
	5-2 无人机性能	（3）多旋翼无人机结构及性能	2

续表

模块	课程	学习单元	课堂学时
6.航空气象	6-1 大气状态	(1) 大气成分与结构	2
		(2) 基本气象要素	2
	6-2 大气运动	大气运动	1
	6-3 影响飞行的天气现象	(1) 云与降水	1
		(2) 视程障碍天气	1
		(3) 气团与锋面	2
		(4) 雷暴	1
		(5) 积冰	2
		(6) 山地气流	1
		(7) 低空风切变	2
	6-4 航空气象资料分析	(1) 地面天气图	1
		(2) 卫星云图	1
		(3) 天气预报图	1
7.无人机交通管理	7-1 空中交通管理	空中交通管理	1
	7-2 空域知识	(1) 空域分类	1
		(2) 空域运行	2
	7-3 机场及起降场	机场及起降场	2
8.安全飞行	8-1 安全飞行的重要性	安全飞行的重要性	1
	8-2 实现无人机安全飞行的途径	实现无人机安全飞行的途径	2
9.相关法律、法规知识	9-1 国家相关法律、法规	(1) 国家相关法律	2
		(2) 民航相关法律、法规	2
	9-2 行业相关规定	无人机驾驶员及无人机运行、监管相关规定	6
课堂学时合计			74

注：本表所列为五级/初级无人机驾驶员职业基本素质培训课程，其他等级职业基本素质培训课程按"无人机驾驶员职业培训课程学时分配一览表"中相应的课堂学时要求进行必要的调整。

（2）五级／初级职业技能培训课程

模块	课程		学习单元	课堂学时
1．飞行准备	1-1 预先准备		（1）勘察飞行环境	2
			（2）制定与申报飞行计划	2
	1-2 直接准备		展开无人机系统及飞行前检查	4
2．飞行实施	2-1 飞行稳定控制		（1）模拟飞行	8
	2-2 简易航线飞行		（2）实际飞行	14
3．飞行后工作	3-1 飞行后检查		飞行后工作	2
	3-2 无人机系统撤收			
课堂学时合计				32

（3）四级／中级职业技能培训课程

模块	课程	学习单元	课堂学时
1．飞行准备	1-1 预先准备	（1）作业准备	2
		（2）飞行预先准备	2
	1-2 飞行前检查	飞行前检查	6
2．飞行实施	2-1 模拟器的安装与使用	模拟器的安装与使用	1
	2-2 起飞和降落	（1）模拟飞行	8
	2-3 视距内机动航线飞行	（2）实际飞行	24
3．飞行后工作	3-1 数据下载	数据获取	1
	3-2 维护	（1）机体检查及基础维护	4
		（2）动力系统检查及基础维护	4
课堂学时合计			52

（4）三级／高级职业技能培训课程

模块	课程		学习单元	课堂学时
1．飞行准备	1-1	执行作业方案	执行作业方案	2
	1-2	调试载荷设备	准备载荷设备	4
	1-3	飞行前检查	飞行前检查	4
2．飞行实施	2-1	超视距航线飞行	（1）地面站设置及航线规划	4
			（2）地面站连接	2
			（3）地面站操控飞行	3
	2-2	视距内机动航线飞行	（1）模拟飞行	8
	2-3	紧急情况处置	（2）实际飞行	32
3．飞行后工作	3-1	数据处理	数据处理	2
	3-2	维护	日常维护	4
课堂学时合计				65

（5）二级／技师职业技能培训课程

模块	课程		学习单元	课堂学时
1．飞行准备	1-1	制定作业方案	制定作业方案	4
	1-2	选配载荷设备	选配载荷设备	4
2．飞行实施	2-1	超视距航线飞行	超视距航线飞行	8
	2-2	紧急情况处置	特情识别与处置	12
3．飞行后工作	3-1	作业成果分析	作业记录与分析	4
	3-2	维护	深度维护	8
4．培训指导	4-1	基本素质培训	（1）实施基本素质培训	4
			（2）评估基本素质培训效果	4
	4-2	技能操作指导	技能操作指导	8
课堂学时合计				56

（6）一级 / 高级技师职业技能培训课程

模块	课程	学习单元	课堂学时
1．任务准备	1-1 无人机系统搭建	（1）无人机系统搭设	4
		（2）无人机系统调试	8
	1-2 飞行任务指导	飞行任务指导	4
2．任务组织	2-1 新兴驾驶技术应用	新兴驾驶技术应用	4
	2-2 新设备试验飞行	（1）无人机性能试飞	8
		（2）无人机优化试飞	8
3．技术管理	3-1 项目管理	（1）项目规划	4
		（2）项目实施与过程把控	2
	3-2 人员与资源协同管理	（1）人员管理	2
		（2）资源管理	2
	3-3 风险预测、评估与决策	（1）风险预测	4
		（2）风险分析评估	2
		（3）合理规避风险	4
课堂学时合计			56

1.1.3　培训课程选择指导

职业基本素质培训课程为必修课程，相当于本职业的入门课程。各级别职业技能培训课程由培训机构教师根据培训学员实际情况，遵循高级别涵盖低级别的原则进行选择。

原则上，初入职的培训学员应学习职业基本素质培训课程和五级 / 初级职业技能培训课程的全部内容，有职业技能等级提升需求的培训学员，可按照国家职业技能标准的"职业技能鉴定要求"，对照自身需求选择更高等级的培训课程。

具有一定从业经验、无职业技能等级提升要求的培训学员，可根据自身实际情况自主选择本职业培训课程。具体方法为：①选择课程模块；②在模块中筛选课程；③在课程中筛选学习单元；④组合成本次培训的整个课程。

培训教师可以根据以上方法对培训学员进行单独指导。对于订单培训，培训教师可以按照如上方法，对照订单要求进行培训课程的选择。

1.2 职 业 指 南

1.2.1 职业描述

无人机驾驶员是通过远程控制设备，驾驶无人机完成既定飞行任务的人员。

1.2.2 职业培训对象

参加无人机驾驶员职业技能培训的人群主要包括：城乡未继续升学的应届初高中毕业生、农村转移就业劳动者、城镇登记失业人员、转岗转业人员、退役军人、企业在职职工和高校毕业生等各类有培训需求的人员。

1.2.3 就业前景

无人机驾驶员的工作岗位方向有：农林植保、农林病虫害监测与防治；电力巡线、电力架线、风车巡检；石油管道巡线、移动基站；航拍、数字遥感、空中检查；国土资源勘查、测绘、水资源勘查；应急救援、公安反恐、国土监测；交通路口监控、高速公路巡查；保险勘察、环保监测；影视 / 广告拍摄；无人机试飞、测试、维修等。

1.3 培训机构设置指南

1.3.1 师资配备要求

（1）培训教师任职基本条件

1）培训五级 / 初级、四级 / 中级无人机驾驶员的教师应具有本职业三级 / 高级及以上职业技能等级证书或相关专业中级及以上专业技术职务任职资格。

2）培训四级 / 中级、三级 / 高级无人机驾驶员的教师应具有本职业二级 / 技师及以上职业技能等级证书或相关专业中级及以上专业技术职务任职资格。

3）培训二级/技师无人机驾驶员的教师应具有本职业一级/高级技师职业技能等级证书或相关专业高级专业技术职务任职资格。

4）培训一级/高级技师无人机驾驶员的教师应具有本职业一级/高级技师职业技能等级证书2年以上或相关专业高级专业技术职务任职资格。

（2）培训教师数量要求（以30人培训班为基准）

1）理论课教师：1人以上；培训规模超过30人的，按教师与学员之比不低于1∶30配备教师。

2）实习指导教师：6人以上；培训规模超过30人的，按教师与学员之比不低于1∶5配备教师。

1.3.2 培训场所设备配置要求

培训场所设备配置要求如下（以30人培训班为基准）：

（1）理论知识培训场所设备配置要求：60平方米以上标准教室，多媒体教学设备（计算机、投影仪、幕布或显示屏、网络接入设备、音响设备），黑（白）板，30套以上桌椅，符合照明、通风、安全等相关规定。

（2）操作技能培训场所设备配置要求：

1）培训场所具有连续空域使用权。

2）培训场所具有至少一条跑道或者起飞地带，满足机型训练要求。

3）培训场所具有一个能从跑道两端或场所地平面上看得见的风向指示器。

4）在无塔台管制和无法提供航空咨询服务的场所应具有起降方向标志。

5）符合技能培训的模拟器及地面站设备。

6）符合技能培训要求的无人机。

1.3.3 教学资料配备要求

（1）培训规范：《无人机驾驶员职业基本素质培训要求》《无人机驾驶员职业技能培训要求》《无人机驾驶员职业基本素质培训课程规范》《无人机驾驶员职业技能培训课程规范》《无人机驾驶员职业基本素质培训考核规范》《无人机驾驶员职业技能培训理论知识考核规范》《无人机驾驶员职业技能培训操作技能考核规范》。

（2）教学资源、教材教辅、网络资源等内容必须符合"（1）培训规范"。

1.3.4 管理人员配备要求

（1）专职校长：1人，应具有大专及以上文化程度，中级及以上专业技术职务任职资格，从事职业技术教育及教学管理5年以上，熟悉职业培训的有关法律、法规。

（2）教学管理人员：1人以上，专职不少于1人；应具有大专及以上文化程度，中级及以上专业技术职务任职资格，从事职业技术教育及教学管理5年以上，具有丰富的教学管理经验。

（3）办公室人员：1人以上，应具有大专及以上文化程度。

（4）财务管理人员：2人，应具有大专及以上文化程度、财会人员从业资格证书。

1.3.5 管理制度要求

应建立完备的管理制度，包括办学章程和发展规划、教学管理、教师管理、学员管理、财务管理、培训场所与设备管理等制度。

2

课程包

2.1 培 训 要 求

2.1.1 职业基本素质培训要求

职业基本素质模块	培训内容		培训细目
1. 职业认知与职业道德	1-1	职业认知	(1) 无人机驾驶员职业定义 (2) 无人机驾驶员工作内容 (3) 无人机驾驶员就业要求 (4) 无人机驾驶员就业方向和就业前景
	1-2	职业道德	(1) 公民道德基本规范和社会主义核心价值观 (2) 职业道德基本要求 (3) 职业守则基本内容
2. 无人机基础知识	2-1	无人机概述	(1) 无人机的概念 (2) 无人机系统的概念 (3) 无人机应用 (4) 无人机分类
	2-2	无人机发展历程	(1) 无人机发展阶段 (2) 各阶段无人机发展概况
3. 无人机系统组成	3-1	飞行器	(1) 机体平台 (2) 动力装置 (3) 导航飞控系统及相关传感器 (4) 伺服机构（含调速器） (5) 电气系统 (6) 载重与配平 (7) 发射与回收系统
	3-2	控制站	(1) 航行要素基本知识 (2) 控制站显示系统 (3) 控制站操控系统
	3-3	通信链路	(1) 通信链路的分类方式 (2) 我国关于无人机系统使用频率的具体标准 (3) 机载链路设备的分类及其作用 (4) 地面链路设备的主要作用及组成
4. 飞行原理	4-1	国际标准大气	(1) 国际标准大气的概念与意义 (2) 国际标准大气参数

续表

职业基本素质模块	培训内容	培训细目
4．飞行原理	4-2　空气动力学基础	（1）牛顿三大运动定律内容 （2）力的平衡与分解知识 （3）不同翼型对气动特性的影响 （4）升力的产生原理及其影响因素 （5）飞行中阻力的产生原理及其影响因素 （6）升阻特性 （7）特殊气动状态对飞行的影响
	4-3　机动飞行中的空气动力	（1）飞行转弯时的空气动力 （2）平直飞行/爬升转换期间的升力变化 （3）平直飞行/下降转换期间的升力变化
5．无人机结构及性能	5-1　无人机结构	（1）固定翼无人机结构 （2）无人直升机结构 （3）多旋翼无人机结构
	5-2　无人机性能	（1）固定翼无人机性能 （2）无人直升机性能 （3）多旋翼无人机性能
6．航空气象	6-1　大气状态	（1）大气成分 （2）大气结构 （3）气温、气压、空气湿度等基本气象要素及其对飞行的影响
	6-2　大气运动	（1）大气水平运动知识 （2）大气垂直运动知识
	6-3　影响飞行的天气现象	（1）云与降水对飞行的影响 （2）能见度与视程障碍天气对飞行的影响 （3）气团与锋面对飞行的影响 （4）雷暴对飞行的影响 （5）积冰对飞行的影响 （6）山地气流对飞行的影响 （7）低空风切变对飞行的影响
	6-4　航空气象资料分析	（1）地面天气图显示内容及填图格式 （2）卫星云图上云的识别 （3）日常航空天气报告图的主要内容 （4）识读航路天气预报图

续表

职业基本素质模块	培训内容	培训细目
7．无人机交通管理	7-1 空中交通管理	（1）空中交通服务类型 （2）空中交通流量管理 （3）空域管理 （4）空中交通管制部门分类及其职责
	7-2 空域知识	（1）空域分类 （2）飞行空域及飞行计划的申报知识
	7-3 机场及起降场	（1）机场基准点、机场标高、机场基准温度、飞行区、活动区等相关概念 （2）跑道标志与风向指示器 （3）常见机场灯光
8．安全飞行	8-1 安全飞行的重要性	（1）认识常见不合规飞行现象 （2）了解不合规飞行产生的不良后果
	8-2 实现无人机安全飞行的途径	（1）申报空域及飞行计划 （2）取得无人机驾驶员资质 （3）无人机适航 （4）配备监管与防控系统
9．相关法律、法规知识	9-1 国家相关法律、法规	（1）国家关于劳动、环境、安全生产等的法律 （2）国家关于航空、飞行等的法律、法规
	9-2 行业相关规定	（1）行业关于无人机驾驶员的规定 （2）行业关于无人机运行及监管的规定

2.1.2 五级/初级职业技能培训要求

职业功能模块	培训内容	技能目标	培训细目
1．飞行准备	1-1 预先准备	1-1-1 能勘察飞行环境	（1）勘察飞行空域环境 （2）勘察飞行区域地理环境 （3）计划飞行路线
		1-1-2 能制定与申报飞行计划	（1）制定飞行计划 （2）申报飞行计划 （3）申请放飞

续表

职业功能模块	培训内容	技能目标	培训细目
1. 飞行准备	1-1　预先准备	1-1-3　能检查飞行必要条件	（1）获取气象预报信息 （2）检查无人机系统完整性
	1-2　直接准备	1-2-1　能展开无人机系统	（1）组装与架设飞行器平台 （2）准备地面站／遥控器 （3）补充／加注动力能源
		1-2-2　能对无人机进行必要的安全检查	（1）检查机体完整性 （2）遥控器对频 （3）通电与解锁 （4）模式识别与切换 （5）检查起降环境
2. 飞行实施	2-1　飞行稳定控制	2-1-1　能操控无人机上升与下降	（1）操控无人机上升 （2）操控无人机下降
		2-1-2　能操控无人机完成滚转调节	（1）操控无人机向左滚转 （2）操控无人机向右滚转
		2-1-3　能操控无人机完成俯仰调节	（1）操控无人机上仰 （2）操控无人机下俯
		2-1-4　能操控无人机完成航向调节	（1）操控无人机增大航向角 （2）操控无人机减小航向角
	2-2　简易航线飞行	2-2-1　能操控无人机完成一维平移	（1）单通道控制 （2）高度控制 （3）操控无人机完成远近平移 （4）操控无人机完成左右平移 （5）使用投送类载荷设备
		2-2-2　能操控无人机完成斜向平移	（1）多通道控制 （2）操控无人机完成水平斜向平移 （3）操控无人机完成垂直斜向平移 （4）操控无人机完成三维斜向平移

续表

职业功能模块	培训内容	技能目标	培训细目
3．飞行后工作	3-1 飞行后检查	3-1-1 能在无人机降落后检查地面站/遥控器	（1）地面站/遥控器通道状态检查 （2）地面站/遥控器开关状态检查
		3-1-2 能在无人机降落后检查飞行器	（1）检查螺旋桨 （2）检查机身部件完整性
	3-2 无人机系统撤收	3-2-1 能拆卸电池	（1）拔除电池 （2）储存电池
		3-2-2 能撤收机体	（1）便捷插拔与折叠机体 （2）机体装箱与运输

2.1.3 四级／中级职业技能培训要求

职业功能模块	培训内容	技能目标	培训细目
1．飞行准备	1-1 预先准备	1-1-1 能根据作业方案规划作业方式	（1）明确作业方式 （2）选择作业机型 （3）明确作业标准 （4）分析作业案例
		1-1-2 能勘察作业区域	（1）设定安全间隔 （2）预判作业区域危险要素 （3）设计飞行路线
		1-1-3 能安装载荷设备	（1）安装探测类载荷设备 （2）安装投送类载荷设备
		1-1-4 能接入无人机监管系统	（1）启动监管模块 （2）操作监管系统
	1-2 飞行前检查	1-2-1 能正确使用飞行前检查单进行检查	（1）理解飞行前检查单内容 （2）正确使用飞行前检查单

职业功能模块	培训内容	技能目标	培训细目
1．飞行准备	1-2 飞行前检查	1-2-2 能合作完成对无人机各系统的地面检查	(1) 机体检查 (2) 重量／重心检查 (3) 地面站／遥控器检查 (4) 链路状态检查 (5) 燃料或电池检查 (6) 姿态与位置状态检查 (7) 模式识别与切换
2．飞行实施	2-1 模拟器的安装与使用	2-1-1 能安装和调试模拟器软、硬件	(1) 安装模拟器软件 (2) 模拟器通道校准 (3) 模拟器参数调试
		2-1-2 能正确使用模拟器	(1) 选择训练机型 (2) 选择训练场景 (3) 选择通道 (4) 调整控制行程 (5) 选择训练模式 (6) 使用训练辅助功能
	2-2 起飞和降落	2-2-1 能操控无人机起飞	(1) 选择起飞区域 (2) 系统通联 (3) 解锁启动 (4) 操控无人机起飞离地
		2-2-2 能操控无人机着陆	(1) 选择降落区域 (2) 操控无人机接地与着陆 (3) 关闭无人机各系统
	2-3 视距内机动航线飞行	2-3-1 能操控无人机稳定平飞	(1) 控制无人机姿态 (2) 控制无人机位置 (3) 使用探测类载荷设备
		2-3-2 能操控无人机改变高度	(1) 控制无人机飞行速度 (2) 控制无人机升降速率 (3) 操控无人机转换升降／平飞状态
		2-3-3 能操控无人机改变速度	(1) 操控无人机加速 (2) 操控无人机减速 (3) 控制无人机最大／最小速度
		2-3-4 能操控无人机转弯	(1) 操控无人机进入转弯 (2) 操控无人机保持转弯 (3) 操控无人机改出转弯 (4) 操控无人机悬停转弯

续表

职业功能模块	培训内容	技能目标	培训细目
3. 飞行后工作	3-1 数据下载	3-1-1 能下载飞行相关数据	（1）下载飞行日志数据 （2）读取监管系统记录数据
		3-1-2 能下载作业相关数据	（1）下载探测类载荷设备作业数据 （2）下载其他作业类设备作业数据
	3-2 维护	3-2-1 能对机体进行检查及基础维护	（1）机体部件完整性检查 （2）机体部件维护与拆装 （3）机体部件清洁操作
		3-2-2 能对动力系统进行检查及基础维护	（1）动力系统能源补充/加注操作 （2）动力系统部件的检查与维护

2.1.4 三级/高级职业技能培训要求

职业功能模块	培训内容	技能目标	培训细目
1. 飞行准备	1-1 执行作业方案	1-1-1 能按作业方案准备硬件设备	（1）准备无人机系统 （2）准备任务载荷设备
		1-1-2 能根据作业方案组织分工	（1）梳理任务岗位 （2）安排机组成员分工 （3）机组资源管理
		1-1-3 能根据任务流程单指挥作业	（1）预先准备流程指挥 （2）直接准备流程指挥 （3）飞行实施流程指挥 （4）飞行后流程指挥
	1-2 调试载荷设备	1-2-1 能调试探测类载荷设备	（1）设备状态测试 （2）设备功能调试
		1-2-2 能调试投送类载荷设备	（1）设备状态测试 （2）设备功能调试

续表

职业功能模块	培训内容	技能目标	培训细目
1. 飞行准备	1-3 飞行前检查	1-3-1 能完成机站链全系统联试	(1) 控制链路联试 (2) 任务链路联试
		1-3-2 能在不同控制站间切换控制权	(1) 控制权切换条件 (2) 控制权切换操作流程
		1-3-3 能对部分可接受故障进行放行评估	(1) 评估最低系统运行保障条件 (2) 执行故障放行方案
2. 飞行实施	2-1 超视距航线飞行	2-1-1 能认知地面站软件界面	(1) 设置地面站软件 (2) 使用地面站软件界面功能
		2-1-2 能正确进行地面站规划	(1) 规划航线 (2) 设置航点属性参数、航线属性参数、返航点等重点数据
		2-1-3 能使用地面站进行实际飞行	(1) 监控基本飞行状态 (2) 切换控制权 (3) 切换控制模式 (4) 监视各系统、设备状态 (5) 各系统、设备状态设置
	2-2 视距内机动航线飞行	2-2-1 能操控无人机起飞	(1) 选择起飞区域 (2) 系统通联 (3) 解锁启动 (4) 操控无人机起飞离地
		2-2-2 能操控无人机指定区域着陆	(1) 选择降落区域 (2) 操控无人机接地与着陆 (3) 关闭无人机各系统
		2-2-3 能操控无人机稳定平飞	(1) 控制无人机姿态 (2) 控制无人机位置 (3) 控制无人机航向 (4) 使用探测类载荷设备
		2-2-4 能操控无人机改变高度	(1) 控制无人机飞行速度 (2) 控制无人机升降速率 (3) 操控无人机转换升降／平飞状态

续表

职业功能模块	培训内容	技能目标	培训细目
2. 飞行实施	2-2 视距内机动航线飞行	2-2-5 能操控无人机改变速度	(1) 操控无人机加速 (2) 操控无人机减速 (3) 控制无人机最大/最小速度
		2-2-6 能操控无人机改变航向	(1) 操控无人机进入转弯 (2) 操控无人机保持转弯 (3) 操控无人机改出转弯 (4) 操控无人机悬停转弯
	2-3 紧急情况处置	2-3-1 能对飞行情况变化作出正确判断	(1) 识别不稳定气象条件 (2) 识别低续航状态 (3) 识别定位精度缺失
		2-3-2 能对飞行情况变化作出正确处置	(1) 不稳定气象条件下的处置 (2) 低续航状态的处置 (3) 定位精度缺失的处置
3. 飞行后工作	3-1 数据处理	3-1-1 能打开与整理作业数据	(1) 使用相应软、硬件打开作业数据 (2) 整理作业数据
		3-1-2 能处理作业数据	(1) 编辑作业数据 (2) 完成作业成果
	3-2 维护	3-2-1 能对无人机机体进行检查及维护	(1) 机体部件完整性检查 (2) 机体部件日常维护 (3) 运动结构部件清洁与润滑操作

职业功能模块	培训内容	技能目标	培训细目
3. 飞行后工作	3-2 维护	3-2-2 能对动力系统进行检查及维护	（1）动力系统的检查及维护 （2）动力能源部分相关操作
		3-2-3 能对载荷设备进行检查及维护	（1）检查载荷设备 （2）维护载荷设备

2.1.5 二级／技师职业技能培训要求

职业功能模块	培训内容	技能目标	培训细目
1. 飞行准备	1-1 制定作业方案	1-1-1 能编写作业方案	（1）整理任务要求 （2）明确作业方案编写要求
		1-1-2 能调整优化作业要素	（1）编写任务概况 （2）梳理作业需求 （3）选择任务机型 （4）明确作业方式细则 （5）优化作业流程 （6）设定任务相关应急预案
		1-1-3 能制作任务执行流程单	（1）确定预先准备阶段工作流程 （2）确定直接准备阶段工作流程 （3）确定飞行实施阶段工作流程 （4）确定应急预案阶段工作流程 （5）确定飞行后作业阶段工作流程
	1-2 选配载荷设备	1-2-1 能根据任务要求选配探测类载荷设备	（1）测试设备状态 （2）调试设备功能
		1-2-2 能根据任务要求选配投送类载荷设备	（1）测试设备状态 （2）调试设备功能

续表

职业功能模块	培训内容	技能目标	培训细目
2．飞行实施	2-1 超视距航线飞行	2-1-1 能进行超视距任务的指挥	(1) 起降阶段程序指挥 (2) 航线阶段程序指挥 (3) 飞行阶段切换 (4) 监控航行要素 (5) 调整航线
		2-1-2 能进行综合态势的监控	(1) 获取并解读航行通告 (2) 记录航线作业情况 (3) 航行决策
	2-2 紧急情况处置	2-2-1 能对飞行紧急情况作出正确判断	(1) 动力系统紧急情况判断 (2) 链路系统紧急情况判断 (3) 气动状态紧急情况判断
		2-2-2 能对飞行紧急情况作出正确处置	(1) 正确使用应急检查单 (2) 动力系统紧急情况处置 (3) 链路系统紧急情况处置 (4) 气动状态紧急情况处置
3．飞行后工作	3-1 作业成果分析	3-1-1 能分析作业相关数据	(1) 收集获取作业数据 (2) 初步评价作业效果
		3-1-2 能整理作业记录并形成报告	(1) 记录任务执行过程与成果 (2) 明确作业成果评估标准 (3) 形成成果评估结论
		3-1-3 能优化调整作业程序与方式	(1) 依据作业报告分析作业相关设备优化选项 (2) 作业方案程序性优化 (3) 外部环境优化选择
	3-2 维护	3-2-1 能对无人机子系统及部件进行预防性维护	(1) 时寿件的维护 (2) 子系统功能性检测
		3-2-2 能对无人机子系统及部件进行更换	(1) 更换动力系统部件 (2) 更换链路系统部件 (3) 更换控制及伺服系统部件
4．培训指导	4-1 基本素质培训	4-1-1 能利用教学基本原理及技巧引导学员学习基本素质课程	(1) 确定学员培训需求 (2) 根据课程规范拟订培训计划 (3) 做好培训准备 (4) 有效实施培训

续表

职业功能模块	培训内容	技能目标	培训细目
4. 培训指导	4-1 基本素质培训	4-1-2 能评估学员基本素质课程学习效果	(1) 根据考核规范拟订考核计划 (2) 有效实施考核
	4-2 技能操作指导	4-2-1 能完成飞行操作指导	(1) 明确课程内容要求 (2) 编制技能操作课程计划 (3) 按要求指导学员操作 (4) 识别偏差点
		4-2-2 能作出学员放单判断	(1) 正确评估学员技能水平 (2) 明确单飞条件 (3) 把控单飞风险

2.1.6 一级／高级技师职业技能培训要求

职业功能模块	培训内容	技能目标	培训细目
1. 任务准备	1-1 无人机系统搭建	1-1-1 能根据飞行任务要求进行无人机系统的设计或选配	(1) 根据飞行任务要求设计或构建飞行器平台 (2) 根据飞行任务要求和飞行器特点选配控制系统
		1-1-2 能根据飞行任务要求对无人机系统进行调试	(1) 根据飞行任务要求调试飞行器平台 (2) 调试飞控参数
	1-2 飞行任务指导	1-2-1 能编制飞行指挥程序	(1) 飞行任务演练 (2) 总结任务执行与指挥要点 (3) 组织飞行准备
		1-2-2 能编制飞行手册	(1) 总结与编制系统概况 (2) 编制系统运行限制 (3) 编制无人机运行／应急程序 (4) 编制系统性能手册 (5) 编制维护和保养要求 (6) 根据手册简化出飞行检查单
		1-2-3 能制定任务评估质量标准	(1) 确定任务质量评估项目 (2) 制定评估标准 (3) 制定评估程序

课程包

续表

职业功能模块	培训内容	技能目标	培训细目
2．任务组织	2-1　新兴驾驶技术应用	2-1-1　能组织开展无人机编队飞行	（1）认知无人机编队飞行控制原理 （2）制定无人机编队飞行方案
		2-1-2　能组织开展高精度飞行	（1）认知高精度飞行原理 （2）制定高精度飞行方案
	2-2　新设备试验飞行	2-2-1　能为获取基本性能及飞行包线数据组织无人机试验飞行	（1）设计试验飞行科目 （2）组织实施试验飞行科目 （3）数据分析与统计
		2-2-2　能为优化飞控PID参数或其他需求组织无人机调试飞行	（1）设计调试飞行科目 （2）组织实施调试飞行科目 （3）数据分析与调整
3．技术管理	3-1　项目管理	3-1-1　能完成项目规划	（1）把控项目前期工作 （2）项目全局规划管理
		3-1-2　能对项目实施过程进行把控	（1）项目具体实施 （2）项目过程把控
	3-2　人力与资源协同管理	3-2-1　能对项目组人员进行管理	（1）岗位任命 （2）岗位协调 （3）工作安排
		3-2-2　能组织协调项目资源	（1）资源收集 （2）资源分配 （3）资源把控
	3-3　风险预测、评估与决策	3-3-1　能预测分析风险	（1）风险预测 （2）风险分析
		3-3-2　能对风险进行评估与决策	（1）运行案例下的风险评估 （2）风险下的决策
		3-3-3　能合理规避风险	（1）预前规避 （2）过程规避 （3）成果规避

2.2 课程规范

2.2.1 职业基本素质培训课程规范

模块	课程	学习单元	课程内容	培训建议	课堂学时
1. 职业认知与职业道德	1-1 职业认知	职业认知	1）无人机驾驶员职业定义 2）无人机驾驶员工作内容 3）无人机驾驶员就业要求 4）无人机驾驶员就业方向和就业前景	（1）方法：讲授法 （2）重点：无人机驾驶员职业定义与工作内容	1
	1-2 职业道德	职业道德	1）道德 ①道德的含义 ②公民道德基本规范 ③社会主义核心价值观 2）职业道德 ①职业道德的概念 ②服务态度、服务质量、职业道德三者的关系 ③职业道德基本要求 3）职业守则 ①刻苦学习、钻研业务、爱岗敬业、遵纪守法 ②诚信正直、团结协作、勇于担责、服务热情 ③操作规范、安全生产、精益求精、工匠精神 ④科学严谨、低能高效、生态环保、持续发展	（1）方法：讲授法、案例教学法 （2）重点：明确无人机驾驶员职业道德基本要求，遵守职业守则	1
2. 无人机基础知识	2-1 无人机概述	（1）无人机相关概念及应用	1）无人机的概念 2）无人机系统的概念 3）无人机应用	（1）方法：讲授法 （2）重点：理解无人机和无人机系统的概念	1

续表

模块	课程	学习单元	课程内容	培训建议	课堂学时
2．无人机基础知识	2-1 无人机概述	(2) 无人机分类	1) 按飞行器平台构型分类 ①固定翼无人机 ②无人直升机 ③多旋翼无人机 ④其他类无人机：无人飞艇、伞翼无人机、扑翼无人机等	(1) 方法：讲授法 (2) 重点：了解按无人机飞行器平台构型及用途分类方式	1
			2) 按用途分类 ①军用无人机 ②民用无人机		
			3) 按尺寸及重量分类 ①微型无人机 ②轻型无人机 ③小型无人机 ④大型无人机		
			4) 按活动半径分类 ①超近程无人机 ②近程无人机 ③短程无人机 ④中程无人机 ⑤远程无人机		
			5) 按任务高度分类 ①超低空无人机 ②低空无人机 ③中空无人机 ④高空无人机 ⑤超高空无人机		
	2-2 无人机发展历程	无人机发展历程	1) 无人机起源	(1) 方法：讲授法 (2) 重点：了解各发展阶段无人机的特点	1
			2) 20世纪30年代具有代表性的无人机		
			3) 20世纪60年代具有代表性的无人机		
			4) 现代无人机发展现状		

续表

模块	课程	学习单元	课程内容	培训建议	课堂学时
3.无人机系统组成	3-1 飞行器	飞行器	1）机体平台 ①固定翼平台 ②直升机平台 ③多旋翼平台	（1）方法：讲授法 （2）重点：机体平台主要结构、动力装置 （3）难点：理解导航飞控系统、电气系统相关知识	6
			2）动力装置 ①活塞式发动机 ②电动动力系统 ③涡轮动力发动机 ④螺旋桨		
			3）导航飞控系统及相关传感器 ①飞控计算机：飞控计算机类型、飞控计算机余度、飞控计算机主要硬件构成、机载飞控软件、飞控计算机自检测、民用通用型飞控计算机等 ②常用传感器：角速率传感器，姿态传感器，高度、空速传感器，位置传感器等		
			4）伺服机构（含调速器） ①主要类型 ②参数		
			5）电气系统 ①系统组成：电源、配电系统、用电设备 ②分类：机载电气系统、地面供电系统		
			6）载重与配平 ①载重 ②重心 ③计算载重的方法与配平		
			7）发射与回收系统 ①常见无人机发射方式 ②常见无人机回收方式		

续表

模块	课程	学习单元	课程内容	培训建议	课堂学时
3．无人机系统组成	3-2 控制站	(1) 航行要素	1）经纬度 2）坐标系与方位 3）航向、高度、速度	(1) 方法：讲授法 (2) 重点：了解航行要素	1
		(2) 控制站显示系统	1）数字地面控制站显示系统 ①飞行与导航信息 ②数据链状态信息 ③设备状态信息 ④指令信息 ⑤告警信息 ⑥无人机位置信息 ⑦航迹绘制 ⑧地理信息 2）模拟电子地面控制站显示系统 ①用户名 ②计时器 ③显示 FASSTest 模式 ④模型名称 ⑤模型类型 ⑥电池电压显示 ⑦数字微调	(1) 方法：讲授法 (2) 重点：识别数字与模拟电子地面控制站显示信息	2
		(3) 控制站操控系统	1）数字地面控制站操控系统 ①航迹规划界面 ②程序控制操作方法 2）模拟电子地面控制站操控系统 ①飞行控制通道 ②通道组合 ③GPS 模式 ④姿态模式 ⑤手动模式	(1) 方法：讲授法 (2) 重点：熟悉数字与模拟电子地面控制站操控系统	2
	3-3 通信链路	(1) 通信链路概述	1）通信链路的概念 2）通信链路的分类 ①按连接方式分类：点对点连接、多点连接 ②按通信方式分类：单向通信链路、双向通信链路	(1) 方法：讲授法 (2) 重点：通信链路常见分类及不同频段的使用	2

续表

模块	课程	学习单元	课程内容	培训建议	课堂学时
3．无人机系统组成	3-3 通信链路	(1) 通信链路概述	3) 我国对民用无人机射频指标的规定 ①上行遥控链路 ②下行遥测与信息传输链路 ③下行链路	(3) 难点：不同频段的使用	
		(2) 机载链路设备	1) 遥控接收机	(1) 方法：讲授法 (2) 重点：机载链路设备分类	1
			2) 机载数传模块及天线		
			3) 机载图传模块及天线		
		(3) 地面链路设备	1) 遥控发射机	(1) 方法：讲授法 (2) 重点：地面链路设备的主要作用	1
			2) 地面数传模块及天线		
			3) 地面图传模块及天线		
4．飞行原理	4-1 国际标准大气	国际标准大气	1) 国际标准大气的概念与意义	(1) 方法：讲授法 (2) 重点：理解国际标准大气的意义	1
			2) 国际标准大气参数		
	4-2 空气动力学基础	(1) 牛顿三大运动定律	1) 牛顿第一运动定律	(1) 方法：讲授法 (2) 重点与难点：理解牛顿三大定律内容	1
			2) 牛顿第二运动定律		
			3) 牛顿第三运动定律		
		(2) 力的平衡与分解	1) 力的平衡及不平衡状态	(1) 方法：讲授法 (2) 重点：力的分解	1
			2) 力的分解 ①推力和反作用力阻力 ②重力和反作用力升力		
		(3) 翼型与气动力	1) 基本翼型 ①平凸型 ②对称型 ③凹凸型 ④双凸型 ⑤S型 ⑥特种型	(1) 方法：讲授法	1

续表

模块	课程	学习单元	课程内容	培训建议	课堂学时
4．飞行原理	4-2 空气动力学基础	（3）翼型与气动力	2）翼型参数及其对气动特性的影响 ①展弦比 ②翼型弯度 ③翼型厚度 ④翼型最大弯度位置	（2）重点：了解基本翼型及主要参数	
		（4）升力	1）连续性定理 2）伯努利定律 3）升力公式 4）升力的影响因素：迎角、面积、空速 5）增升装置：襟翼、缝翼	（1）方法：讲授法 （2）重点与难点：掌握伯努利定律及升力公式基本内容	2
		（5）阻力	1）废阻力 ①摩擦阻力 ②压差阻力 ③干扰阻力 2）诱导阻力 ①产生原理 ②影响因素 3）总阻力	（1）方法：讲授法 （2）重点：了解阻力类型	1
		（6）升阻特性	1）升力特性 2）阻力特性 3）升阻比特性	（1）方法：讲授法 （2）重点：结合升力及阻力的特征了解升阻比特性	1
		（7）特殊气动状态	1）地面效应 2）失速与螺旋 3）自旋	（1）方法：讲授法 （2）重点：了解特殊气动状态对飞行的影响	1
	4-3 机动飞行中的空气动力	机动飞行中的空气动力	1）飞行转弯时的空气动力 ①转弯时力的分量 ②内侧滑转弯与外侧滑转弯 2）平直飞行/爬升转换期间的升力变化	（1）方法：讲授法 （2）重点：飞行中力的变化	2

续表

模块	课程	学习单元	课程内容	培训建议	课堂学时
		机动飞行中的空气动力	3）平直飞行/下降转换期间的升力变化		
5．无人机结构及性能	5-1 无人机结构	(1) 固定翼无人机结构及性能	1）固定翼无人机结构 ①机身 ②机翼 ③尾翼 ④起落架 ⑤发动机	(1) 方法：讲授法 (2) 重点：固定翼无人机结构 (3) 难点：固定翼无人机性能	2
			2）固定翼无人机性能 ①稳定性：纵向稳定性、航向稳定性、横向稳定性 ②操控性：六个自由度，三个机体轴，俯仰、滚转、偏转，三大主操纵面		
		(2) 无人直升机结构及性能	1）无人直升机结构 ①主旋翼 ②尾旋翼 ③各传动轴 ④起落架	(1) 方法：讲授法 (2) 重点：无人直升机结构 (3) 难点：无人直升机性能	2
			2）无人直升机性能 ①最大速度 ②平飞性能 ③升降率 ④升限 ⑤航程 ⑥续航时间 ⑦转弯坡度		
	5-2 无人机性能	(3) 多旋翼无人机结构及性能	1）多旋翼无人机结构 ①中心板 ②机臂 ③起落架 ④螺旋桨	(1) 方法：讲授法 (2) 重点：多旋翼无人机结构 (3) 难点：多旋翼无人机性能	2
			2）多旋翼无人机性能 ①最大速度 ②平飞性能 ③升降率 ④升限 ⑤航程 ⑥续航时间 ⑦转弯坡度		

续表

模块	课程	学习单元	课程内容	培训建议	课堂学时
6.航空气象	6-1 大气状态	(1) 大气成分与结构	1）大气成分 ①干洁空气 ②水汽 ③大气杂质 2）大气结构 ①大气垂直分层的依据 ②重要气层的特征 ③对流层和平流层	(1) 方法：讲授法 (2) 重点：了解大气基本结构及对流层、平流层特征	2
		(2) 基本气象要素	1）气温 ①气温指标 ②气温变化的基本方式 2）气压 ①航空常用气压概念 ②修正海平面气压 ③场面气压 ④标准海平面气压 3）空气湿度 ①空气湿度衡量指标 ②空气湿度与气压的关系 4）基本气象要素对飞行的影响	(1) 方法：讲授法 (2) 重点：基本气象要素对飞行的影响	2
	6-2 大气运动	大气运动	1）大气的水平运动 ①风的测量 ②自由大气中风压定理 ③摩擦层中风压定理 ④地方性风 2）大气的垂直运动 ①对流 ②系统性垂直运动 ③大气波动 ④大气乱流	(1) 方法：讲授法 (2) 重点与难点：大气水平及垂直运动对飞行的影响	1
	6-3 影响飞行的天气现象	(1) 云与降水	1）积状云与层状云 ①形成原因 ②天气现象 2）降水 ①阵性降水 ②连续性降水	(1) 方法：讲授法 (2) 重点：了解云与降水现象对飞行的影响	1

续表

模块	课程	学习单元	课程内容	培训建议	课堂学时
6. 航空气象	6-3 影响飞行的天气现象	(2) 视程障碍天气	1) 能见度的概念与种类	(1) 方法：讲授法 (2) 重点：了解视程障碍天气主要类型	1
			2) 雾		
			3) 固体杂质形成的视程障碍：烟幕、霾等		
		(3) 气团与锋面	1) 气团 ①气团的概念 ②气团的分类	(1) 方法：讲授法 (2) 重点：了解气团与锋面天气现象对飞行的影响	2
			2) 锋面 ①暖锋 ②冷锋 ③锋面气旋 ④静止锋		
		(4) 雷暴	1) 雷暴产生条件 ①深厚而明显的不稳定气层 ②充沛的水汽 ③足够的冲击力	(1) 方法：讲授法 (2) 重点与难点：了解雷暴对飞行的影响	1
			2) 一般雷暴结构与阶段 ①积云阶段 ②成熟阶段 ③消散阶段		
			3) 雷暴产生的危险天气现象 ①冰雹 ②风切变 ③湍流		
		(5) 积冰	1) 飞机积冰的种类 ①冰 ②雾凇 ③霜	(1) 方法：讲授法	2
			2) 积冰程度 ①轻度结冰 ②中度结冰 ③严重结冰		

续表

模块	课程	学习单元	课程内容	培训建议	课堂学时
6．航空气象	6-3 影响飞行的天气现象	（5）积冰	3）积冰与云 ①积云和积雨云 ②层云和层积云 ③高积云 ④雨层云和高层云	（2）重点与难点：了解地面积冰的气象条件及其对飞行的影响	
			4）地面积冰的气象条件		
			5）积冰对飞行的影响		
		（6）山地气流	1）山地对风的影响及山地气流产生的原因	（1）方法：讲授法 （2）重点：了解山地气流对飞行的影响	1
			2）山地气流对飞行的影响		
		（7）低空风切变	1）低空风切变的种类 ①风的水平切变 ②风的垂直切变	（1）方法：讲授法 （2）重点与难点：低空风切变的识别及避让	2
			2）产生低空风切变的天气条件		
			3）低空风切变对起飞和着陆的影响		
			4）低空风切变的识别及避让		
	6-4 航空气象资料分析	（1）地面天气图	1）显示内容：气温、露点、风向、风速、水平能见度等	（1）方法：讲授法 （2）重点：地面天气图填图格式	1
			2）填图格式 ①陆地测站填图格式 ②船舶测站填图格式		
		（2）卫星云图	1）卫星云图的种类 ①红外线云图 ②可见光卫星云图	（1）方法：讲授法 （2）重点与难点：卫星云图上云的识别	1
			2）卫星云图上云的识别 ①卷状云 ②中云 ③积雨云 ④积云、浓积云 ⑤层云		

续表

模块	课程	学习单元	课程内容	培训建议	课堂学时
6.航空气象	6-4 航空气象资料分析	(3) 天气预报图	1) 日常航空天气预报图主要内容 ①云：云量、云状、云高等 ②能见度 ③风 ④天气现象 ⑤气温	(1) 方法：讲授法 (2) 重点与难点：识读航路天气预报图	1
			2) 识读航路天气预报图		
7.无人机交通管理	7-1 空中交通管理	空中交通管理	1) 空中交通服务 ①空中交通管制服务 ②飞行情报服务 ③告警服务	(1) 方法：讲授法 (2) 重点：了解空中交通管理基本知识	1
			2) 空中交通流量管理		
			3) 空域管理		
			4) 空中交通管制部门 ①塔台管制室 ②进近管制室 ③区调管制室		
	7-2 空域知识	(1) 空域分类	1) 飞行情报区	(1) 方法：讲授法 (2) 重点：了解目前民用空域的分类	1
			2) 空中交通服务空域		
			3) 禁航区		
			4) 限制区		
			5) 危险区		
		(2) 空域运行	1) 民用无人机使用的空域 ①融合空域 ②隔离空域	(1) 方法：讲授法	2
			2) 申报飞行空域需提交的文件 ①国籍标志和登记标志 ②驾驶员相应的资质证书		

续表

模块	课程	学习单元	课程内容	培训建议	课堂学时
7．无人机交通管理	7-2 空域知识	(2) 空域运行	③飞行器性能数据和三视图 ④可靠的通信保障方案 ⑤特殊情况处置预案		
			3) 申报飞行计划的内容 ①飞行单位、任务，预计开始飞行与结束时间 ②驾驶员姓名、代号 ③型别与架数 ④起飞、降落地和备降地 ⑤飞行气象条件 ⑥巡航速度、飞行高度和飞行范围 ⑦其他特殊保障需求	(2) 重点与难点：掌握空域及飞行计划申报要求	
	7-3 机场及起降场	机场及起降场	1) 相关概念 ①机场基准点 ②机场标高 ③机场基准温度 ④飞行区 ⑤活动区	(1) 方法：讲授法 (2) 重点与难点：了解机场及起降场的基本概念，能识别机场及起降场标志及灯光	2
			2) 机场及起降场标志 ①跑道标志 ②风向指示器		
			3) 常见机场灯光 ①跑道灯 ②滑行道灯 ③进近灯光 ④目视进近坡度指示器及精密进近坡度指示器		
8．安全飞行	8-1 安全飞行的重要性	安全飞行的重要性	1) 常见不合规飞行现象及其后果	(1) 方法：讲授法、案例教学法 (2) 重点：明确无人机安全飞行的重要性	1
			2) 不合规飞行的社会危害及对行业发展的影响		

续表

模块	课程	学习单元	课程内容	培训建议	课堂学时
8．安全飞行	8-2 实现无人机安全飞行的途径	实现无人机安全飞行的途径	1）申报空域及飞行计划 ①在合法合规的空域飞行无人机 ②飞行前申报飞行计划	（1）方法：讲授法、案例教学法 （2）重点：明确取得无人机驾驶员资质的重要性	2
			2）取得无人机驾驶员资质 ①参加正规职业培训 ②参加考核并取得相应级别证书或相关资质证明		
			3）无人机适航		
			4）监管与防控系统 ①无人机实名登记 ②接入适合的无人机监管系统 ③配备适当的无人机防控系统		
9．相关法律、法规知识	9-1 国家相关法律、法规	（1）国家相关法律	1）《中华人民共和国劳动法》相关知识	（1）方法：讲授法、案例教学法 （2）重点：熟悉国家相关法律	2
			2）《中华人民共和国环境保护法》相关知识		
			3）《中华人民共和国安全生产法》相关知识		
		（2）民航相关法律、法规	1）《中华人民共和国民用航空法》相关知识	（1）方法：讲授法、案例教学法 （2）重点：明确民航相关法律、法规对无人机飞行及无人机驾驶员的要求	2
			2）《中华人民共和国飞行基本规则》相关知识		
	9-2 行业相关规定	无人机驾驶员及无人机运行、监管相关规定	1）《轻小无人机运行规定（试行）》相关知识	（1）方法：讲授法	6

续表

模块	课程	学习单元	课程内容	培训建议	课堂学时
9. 相关法律、法规知识	9-2 行业相关规定	无人机驾驶员及无人机运行、监管相关规定	2)《特定类无人机试运行管理规程（暂行)》相关知识	（2）重点：行业关于无人机驾驶员及无人机运行、监管的规定	
			3)《民用无人驾驶航空器实名制登记管理规定》相关知识		
			4)《民用无人驾驶航空器系统空中交通管理办法》相关知识		
			5)《民用无人机驾驶员管理规定》相关知识		
课堂学时合计					74

2.2.2 五级／初级职业技能培训课程规范

模块	课程	学习单元	课程内容	培训建议	课堂学时
1. 飞行准备	1-1 预先准备	（1）勘察飞行环境	1）获取与分析飞行区域气象预报信息	（1）方法：讲授法、演示法、实训（练习）法 （2）重点：勘察对作业区域与获取空域信息	2
			2）认知与勘察飞行区域地理环境		
			3）制定最低飞行安全高度		
			4）标记空域信息及危险区		
		（2）制定与申报飞行计划	1）制定飞行计划	（1）方法：讲授法、演示法、实训（练习）法 （2）重点：飞行计划申报流程及必要材料准备	2
			2）提交申报飞行计划		
			3）提交申报紧急飞行计划		
			4）申报临时飞行空域		

续表

模块	课程	学习单元	课程内容	培训建议	课堂学时
1. 飞行准备	1-2 直接准备	展开无人机系统及飞行前检查	1）机／站架设 ①组装与架设飞行器平台 ②准备地面站／遥控器	（1）方法：讲授法、演示法、实训（练习）法 （2）重点与难点：确保对无人机机体检查工作的全面性	4
			2）电池安装与电量确认 ①安装电池 ②查看电量 ③智能电池充电 ④系统通电启动		
			3）检查机体完整性 ①螺旋桨 ②机臂 ③机架		
			4）识别与切换模式 ①飞行模式：第一视角、第三视角、无头模式、航向模式、单点模式、航线模式等 ②控制模式：姿态模式、GPS 模式、其他模式	（1）方法：讲授法、演示法、实训（练习）法 （2）重点与难点：确保对无人机机体检查工作的全面性	
			5）检查起降环境 ①确认飞行计划与申请放飞 ②确认气象环境 ③清除起飞区域障碍物		
2. 飞行实施	2-1 飞行稳定控制	（1）模拟飞行	1）单通道控制悬停 ①俯仰 ②滚转 ③油门 ④航向	（1）方法：讲授法、演示法、实训（练习）法	8
			2）双通道控制悬停 ①俯仰与油门 ②滚转与油门 ③俯仰与滚转 ④航向与油门		
			3）四通道控制悬停		
			4）平移 ①前后平移 ②左右平移		

续表

模块	课程	学习单元	课程内容	培训建议	课堂学时
2. 飞行实施	2-2 简易航线飞行	(1) 模拟飞行	③升高与下降 ④水平斜向平移 ⑤垂直斜向平移	(2) 重点与难点：使用模拟器完成无人机起降、悬停操作	14
		(2) 实际飞行	1) 起飞 ①通电 ②解锁 ③模式识别 ④模式转换 ⑤离地 2) 无头模式飞行 ①远近平移 ②左右平移 ③水平斜向平移 ④垂直斜向平移 ⑤三维斜向平移 ⑥使用投送类载荷设备 3) 信号识别 ①电量警告 ②定位信号警告 4) 降落 ①控制飞行器接近降落区 ②控制飞行器下降 ③接地与断电	(1) 方法：讲授法、演示法、实训（练习）法 (2) 重点：单独操控无人机进行简易航线飞行 (3) 难点：控制降落中的下降速度	
3. 飞行后工作	3-1 飞行后检查	飞行后工作	1) 飞行后检查 ①检查地面站通道状态 ②检查遥控器通道状态 ③检查地面站/遥控器开关状态 ④检查机身部件完整性 ⑤检查螺旋桨完整性 ⑥检查线路/管路完整性与密封性	(1) 方法：讲授法、演示法、实训（练习）法 (2) 重点：飞行后检查机体部件的完整性与线路/管路的密封性	2
	3-2 无人机系统撤收		2) 无人机系统撤收 ①按安全操作要求拔除电池 ②按要求储存电池 ③拆卸机体插拔件 ④折叠机体可折叠件 ⑤将机体回收装箱		
课堂学时合计					32

2.2.3 四级／中级职业技能培训课程规范

模块	课程	学习单元	课程内容	培训建议	课堂学时
1．飞行准备	1-1 预先准备	(1) 作业准备	1) 作业方式 ①区分作业方式 ②规划作业方式 ③作业机型选择 2) 作业标准 3) 作业案例 ①投送类作业案例 ②探测类作业案例 ③载荷安装	(1) 方法：讲授法、演示法、实训（练习）法、案例教学法 (2) 重点：理解作业方案	2
		(2) 飞行预先准备	1) 安全间隔 ①安全间隔设定 ②安全间隔保持 2) 预判作业区域危险要素 ①复杂地形 ②特殊气象 3) 设计飞行路线 4) 接入监管系统 ①系统用户注册 ②无人机注册与绑定 ③接入测试	(1) 方法：讲授法、演示法、实训（练习）法 (2) 重点：设计飞行路线和接入监管系统 (3) 难点：预判作业区域危险要素	2
	1-2 飞行前检查	飞行前检查	1) 使用飞行前检查单检查 ①检查内容 ②使用方法 2) 机体检查 ①固定翼无人机机体检查：机身、主翼面、辅助翼面、起落架等 ②无人直升机机体检查：机身、主旋翼、旋翼头、尾桨、各传动轴、起落架等	(1) 方法：讲授法、演示法、实训（练习）法 (2) 重点：按照飞行前检查单完成飞行前检查	6

续表

模块	课程	学习单元	课程内容	培训建议	课堂学时
1．飞行准备	1-2 飞行前检查	飞行前检查	③多旋翼无人机机体检查：机架、机臂、脚架、螺旋桨等 ④其他类无人机机体检查：气动组件、设备组件等	（3）难点：能与他人合作完成飞行前检查	
			3）重量与重心检查 ①确认重量大小 ②确认重心位置		
			4）地面站/遥控器检查 ①控制模式 ②杆、开关等 ③配对状态		
			5）控制/链路联试 ①飞控系统运行情况 ②数传及图传检查 ③姿态与位置状态检查		
			6）燃料或电池检查 ①电源状态检查 ②油料/电量确认		
2．飞行实施	2-1 模拟器的安装与使用	模拟器的安装与使用	1）模拟器软件安装	（1）方法：演示法、实训（练习）法 （2）重点：正确使用模拟器软、硬件	1
			2）模拟器软、硬件调试 ①通道校准 ②参数调试		
			3）模拟器使用 ①选择训练机型 ②选择训练场景 ③选择通道 ④调整控制行程 ⑤选择训练模式 ⑥使用训练辅助功能		

续表

模块	课程	学习单元	课程内容	培训建议	课堂学时
2.飞行实施	2-2 起飞和降落	(1) 模拟飞行	1) 各通道练习 ①油门通道练习 ②升降舵通道练习 ③副翼通道练习 ④方向舵通道练习 2) 全通道起飞降落训练（固定翼无人机、其他类无人机） 3) 悬停训练（无人直升机、多旋翼无人机） ①对尾悬停 ②对头悬停 ③侧位悬停 4) 航线飞行（固定翼无人机、无人直升机、多旋翼无人机、其他类无人机） ①改变水平位置 ②改变高度 ③改变航向 ④矩形航线飞行	(1) 方法：演示法、实训（练习）法 (2) 重点与难点：使用模拟器全通道操控固定翼无人机降落及操控无人直升机、多旋翼无人机四位悬停	8
	2-3 视距内机动航线飞行	(2) 实际飞行	1) 评估起降条件 ①风向 ②场地周边障碍物 ③安全距离 2) 起飞（固定翼无人机） ①通电 ②解锁 ③模式识别 ④模式转换 ⑤滑跑 ⑥离地 3) 起飞（无人直升机、多旋翼无人机、其他类无人机） ①通电 ②解锁 ③模式识别 ④模式转换 ⑤离地	(1) 方法：讲授法、演示法、实训（练习）法	24

续表

模块	课程	学习单元	课程内容	培训建议	课堂学时
2．飞行实施	2-3 视距内机动航线飞行	(2) 实际飞行	4) 姿态模式起落航线飞行（固定翼无人机、其他类无人机） ①一边爬升 ②二边爬升 ③三边平飞 ④四边下降 ⑤五边下降 ⑥使用探测类载荷设备	(2) 重点与难点：操作固定翼无人机进行五边下降及拉平着陆，操控无人直升机、多旋翼无人机完成水平8字航线飞行	
			5) GPS模式飞行（无人直升机、多旋翼无人机） ①对尾悬停 ②四位悬停 ③斜向平移 ④改变航向 ⑤圆形航线飞行 ⑥水平8字航线飞行 ⑦使用探测类载荷设备		
			6) 降落 ①选择降落区域 ②控制降落位置 ③控制下降速度 ④接地与断电		
3．飞行后工作	3-1 数据下载	数据获取	1) 获取飞行数据 ①飞行日志数据 ②监管系统记录数据	(1) 方法：讲授法、演示法、实训（练习）法 (2) 重点：下载作业数据	1
			2) 获取作业数据 ①探测类载荷设备作业数据 ②其他作业类设备作业数据		
	3-2 维护	(1) 机体检查及基础维护	1) 标准件/通用工具的认知及使用	(1) 方法：讲授法、演示法、实训（练习）法	4

续表

模块	课程	学习单元	课程内容	培训建议	课堂学时
3．飞行后工作	3-2 维护	（1）机体检查及基础维护	2）固定翼无人机机体检查及基础维护：螺旋桨、机身、主要翼面、辅助翼面、起落架	（2）重点：机体检查及基础维护要点 （3）难点：对无人机系统各部件进行拆装	
			3）无人直升机机体检查及基础维护：主旋翼、旋翼头、尾桨、各传动轴、起落架		
			4）多旋翼无人机机体检查及基础维护：机架、机臂、脚架、螺旋桨		
			5）其他类无人机机体检查及基础维护：气动组件、设备组件		
			6）机体部件清洁操作 ①机械部件（机体表面及内部）清洁操作 ②电子部件（设备及其线路）清洁操作		
		（2）动力系统检查及基础维护	1）动力系统能源补充／加注操作 ①常用电池充／放电标准 ②常用电池使用环境 ③常用电池安全储存标准 ④发动机燃油调配与加注	（1）方法：讲授法、演示法、实训（练习）法 （2）重点：正确进行无人机动力系统能源补充／加注操作	4
			2）动力系统部件的检查与维护 ①固定翼无人机动力系统部件的检查与维护 ②无人直升机动力系统部件的检查与维护 ③多旋翼无人机动力系统部件的检查与维护 ④其他类无人机动力系统部件的维护与拆装		
课堂学时合计					52

2.2.4 三级/高级职业技能培训课程规范

模块	课程	学习单元	课程内容	培训建议	课堂学时
1. 飞行准备	1-1 执行作业方案	执行作业方案	1）梳理作业方案要求 ①作业要求 ②作业形式 ③作业人员与设备要求 2）机组成员分工与机组资源管理 3）指挥飞行任务 ①预先准备流程指挥 ②直接准备流程指挥 ③飞行实施流程指挥 ④数据作业指挥	（1）方法：讲授法、演示法 （2）重点：飞行任务各阶段指挥要求	2
	1-2 调试载荷设备	准备载荷设备	1）探测类载荷设备调试 ①硬件调试 ②软件调试 2）投送类载荷设备调试 ①硬件调试 ②软件调试	（1）方法：演示法、实训（练习）法 （2）重点：设备任务模拟调试	4
	1-3 飞行前检查	飞行前检查	1）全系统联试 ①遥控上行链路联试 ②数传上下行链路联试 ③图传链路联试 2）控制权切换 ①控制权切换条件 ②控制权切换操作流程 3）放行评估 ①飞行前系统检查 ②故障定位 ③故障等级分析	（1）方法：讲授法、演示法、实训（练习）法 （2）重点与难点：故障等级分析	4

续表

模块	课程	学习单元	课程内容	培训建议	课堂学时
2. 飞行实施	2-1 超视距航线飞行	（1）地面站设置及航线规划	1）地面站软件界面 ①识别界面信息 ②高度补偿 ③控制模式 ④航线、航迹显示 2）航线编辑 ①航点属性参数 ②航线属性参数 ③航线模板导入与调整 ④返航点设置 ⑤航线保存与导入 3）自定义航线规划	（1）方法：讲授法、演示法、实训（练习）法 （2）重点与难点：使用地面站软件进行航线规划	4
		（2）地面站连接	1）地面站设备检查 ①地面站本体硬件检查 ②地面链路等其他硬件检查 2）无人机与地面站连接	（1）方法：演示法、实训（练习）法 （2）重点：地面站数传链路连接检查	2
		（3）地面站操控飞行	1）地面站操控起飞 2）地面站航线飞行 ①根据预规划执行飞行操作 ②飞行过程监控：飞行状态，各系统、设备状态 ③地面站链路监控与链路丢失情况处置 3）仪表飞行 ①仪表航线飞行 ②仪表返航 4）地面站操控返航	（1）方法：演示法、实训（练习）法 （2）重点：地面站链路丢失情况处置	3
	2-2 视距内机动航线飞行（姿态模式）	（1）模拟飞行	1）各通道练习 ①油门通道练习 ②升降舵通道练习 ③副翼通道练习 ④方向舵通道练习 2）全通道起飞降落训练（固定翼无人机、其他类无人机）	（1）方法：演示法、实训（练习）法	8

续表

模块	课程	学习单元	课程内容	培训建议	课堂学时
2. 飞行实施	2-2 视距内机动航线飞行（姿态模式）	（1）模拟飞行	3）全通道悬停训练（无人直升机、多旋翼无人机） ①四位悬停 ②悬停中持续偏转	（2）重点与难点：固定翼无人机起落航线随机位置无功率返航，无人直升机、多旋翼无人机圆形航线飞行	32
			4）起落航线随机位置无功率返航训练（固定翼无人机、其他类无人机）		
			5）机动航线飞行（无人直升机、多旋翼无人机） ①矩形航线飞行 ②圆形航线飞行		
		（2）实际飞行	1）起飞 ①通电 ②解锁 ③模式识别 ④模式转换 ⑤离地	（1）方法：演示法、实训（练习）法	
			2）舵面控制模式起落航线飞行（固定翼无人机、其他类无人机） ①直线爬升 ②上升转弯 ③平飞 ④下降转弯 ⑤进近		
			3）姿态模式航线飞行（无人直升机、多旋翼无人机） ①水平斜向平移 ②垂直斜向平移 ③三维斜向平移 ④水平8字转弯航线飞行		

续表

模块	课程	学习单元	课程内容	培训建议	课堂学时
2. 飞行实施	2-2 视距内机动航线飞行（姿态模式）	（2）实际飞行	4）FPV航线飞行（固定翼无人机、其他类无人机） ①直线爬升 ②上升转弯 ③平飞 ④下降转弯 ⑤进近	（2）重点：操作固定翼无人机进行起飞、进近与拉平着陆，操控无人直升机、多旋翼无人机水平8字航线飞行 （3）难点：紧急情况处置	
			5）FPV航线飞行（无人直升机、多旋翼无人机） ①水平斜向平移 ②垂直斜向平移 ③三维斜向平移 ④水平8字航线飞行		
			6）紧急情况识别 ①低续航状态 ②风切变 ③交通冲突 ④定位故障		
			7）紧急情况处置 ①紧急返航 ②复飞（固定翼无人机、其他类无人机适用） ③处置定位故障（无人直升机、多旋翼无人机适用） ④模式切换 ⑤迫降		
	2-3 紧急情况处置		8）降落 ①选择降落区域 ②控制降落位置 ③控制下降速度 ④接地与着陆		

续表

模块	课程	学习单元	课程内容	培训建议	课堂学时
3. 飞行后工作	3-1 数据处理	数据处理	1）图片处理 ①航拍图片处理 ②航测图片及相应地理数据处理 2）视频处理 ①图像剪辑 ②声音处理 3）其他作业数据处理	（1）方法：讲授法、演示法、实训（练习）法 （2）重点：图片与视频的后期编辑处理	2
	3-2 维护	日常维护	1）机体拆卸与清洁 2）运动结构润滑与保险操作 ①各舵面及操控系统部件润滑与保险操作 ②起落架部件润滑与保险操作 3）动力系统的检查及维护 ①螺旋桨 ②发动机、电动机 ③相关管、线路 4）电池与油箱油路的检查及维护 5）载荷设备的检查及维护	（1）方法：演示法、实训（练习）法 （2）重点与难点：机体与动力系统的检查及维护	4
课堂学时合计					65

2.2.5 二级／技师职业技能培训课程规范

模块	课程	学习单元	课程内容	培训建议	课堂学时
1. 飞行准备	1-1 制定作业方案	制定作业方案	1）作业前调研 ①作业需求调研 ②技术与市场调研 ③执行形式研究 2）编写作业方案 ①编写任务概况 ②梳理作业需求 ③选择任务机型 ④制定执行方案 ⑤设定应急预案 ⑥作业成果规划与评定 3）编写任务执行流程单 ①归纳任务阶段 ②任务组分工 ③编写准备阶段工作流程 ④编写飞行阶段执行流程 ⑤编写应急预案执行流程 ⑥编写数据作业流程	（1）方法：讲授法、实训（练习）法、案例教学法 （2）重点：编写作业方案	4
	1-2 选配载荷设备	选配载荷设备	1）探测类载荷设备安装与调试 ①需求对应设备选择 ②硬、软件调试 2）投送类载荷设备安装与调试 ①需求对应设备选择 ②硬、软件调试	（1）方法：演示法、实训（练习）法 （2）重点与难点：载荷设备的调试	4

续表

模块	课程	学习单元	课程内容	培训建议	课堂学时
2. 飞行实施	2-1 超视距航线飞行	超视距航线飞行	1）超视距航线指挥 ①不同飞行阶段程序指挥 ②姿态信息监控 ③位置信息监控与记录 ④设备状态监控与记录	（1）方法：演示法、实训（练习）法 （2）重点与难点：空中交通指令下的飞行态势监控	8
			2）空中交通处置 ①获知航行通告 ②解读航行通告 ③航行决策		
	2-2 紧急情况处置	特情识别与处置	1）紧急情况识别 ①动力失效 ②传感器异常 ③起落装置失效 ④气象突变 ⑤其他设备异常	（1）方法：演示法、实训（练习）法 （2）重点与难点：独立完成紧急情况的识别与处置	12
			2）紧急情况处置 ①应急返航 ②迫降		
3. 飞行后工作	3-1 作业成果分析	作业记录与分析	1）整理作业记录 ①任务执行过程记录 ②作业成果数据记录	（1）方法：讲授法、演示法 （2）重点：作业成果分析 （3）难点：根据作业成果的分析构思优化方案	4
			2）作业成果分析 ①成果评估标准 ②成果评估结论 ③成果评估结论影响因素		
			3）作业优化方案 ①硬件设备优化方案 ②执行程序优化方案 ③外部环境优化选择		

续表

模块	课程	学习单元	课程内容	培训建议	课堂学时
3. 飞行后工作	3-2 维护	深度维护	1）子系统检测 ①动力系统检测 ②链路系统检测 ③导航飞控系统检测 ④机体结构件、零部件检测	（1）方法：演示法、实训（练习）法 （2）重点与难点：零部件深度维护过程中对子系统及部件的检测与更换	8
			2）时寿件管理 ①时寿件维护记录 ②时寿件统计与更换周期		
			3）部件维护 ①电动机、电子调速器、发动机、电气线路、动力能源管路等的检测与更换 ②接收机、数传电台、图传电台、天线等链路硬件的检测与更换 ③舵面、舵机与传动装置的检测与更换		
4. 培训指导	4-1 基本素质培训	（1）实施基本素质培训	1）教学基本原理和方法	（1）方法：讲授法、实训（练习）法 （2）重点与难点：了解教学基本原理，掌握教学方法和技巧，有效实施培训	4
			2）教学技巧 ①教学设计 ②课堂教学技巧与方法 ③有效交流与品质责任		
			3）培训过程 ①确定学员培训需求 ②拟订培训计划 ③做好培训准备 ④有效实施培训		
		（2）评估基本素质培训效果	1）拟订考核计划	（1）方法：讲授法、实训（练习）法 （2）重点与难点：考核计划的拟订	4
			2）有效实施考核		

续表

模块	课程	学习单元	课程内容	培训建议	课堂学时
4．培训指导	4-2 技能操作指导	技能操作指导	1）编制技能操作课程计划	（1）方法：讲授法、实训（练习）法 （2）重点：指导飞行操作，纠正错误并讲评	8
			2）实践技能动作演示		
			3）实践技能动作分解		
			4）技能动作整合		
			5）训练评估 ①学员技能水平评估 ②偏差识别与纠正 ③学员技能综合水平评定		
			6）培训讲评		
课堂学时合计					56

2.2.6 一级/高级技师职业技能培训课程规范

模块	课程	学习单元	课程内容	培训建议	课堂学时
1．任务准备	1-1 无人机系统搭建	（1）无人机系统搭设	1）选择无人机	（1）方法：讲授法、实训（练习）法 （2）重点与难点：根据外界环境正确完成无人机系统搭设	4
			2）选配控制系统		
			3）平台、控制系统、载荷设备线路施工		
		（2）无人机系统调试	1）飞行器平台预防性维护操作	（1）方法：讲授法、实训（练习）法 （2）重点：飞控参数适应性调整 （3）难点：依据运行环境优化系统性能	8
			2）飞控参数适应性调整		
			3）依据运行环境优化系统性能		

续表

模块	课程	学习单元	课程内容	培训建议	课堂学时
1. 任务准备	1-2 飞行任务指导	飞行任务指导	1）飞行任务预先准备 2）任务预演与指挥 3）制定飞行指挥程序 4）收集与编制飞行手册数据 5）根据飞行手册简化出飞行检查单 6）制定任务质量评估标准 7）制定与执行任务质量评估程序	（1）方法：讲授法、实训（练习）法 （2）重点与难点：飞行手册的编制	4
2. 任务组织	2-1 新兴驾驶技术应用	新兴驾驶技术应用	1）无人机编队飞行 ①编队飞行控制原理 ②编队飞行操作程序 ③编队飞行案例 2）高精度飞行 ①辅助系统架设 ②操控程序 ③高精度飞行案例	（1）方法：讲授法、案例教学法、实训（练习）法 （2）重点与难点：制定新兴驾驶技术操控程序	4
	2-2 新设备试验飞行	（1）无人机性能试飞	1）试飞科目设计 ①基本数据科目 ②边界数据科目 2）试飞科目实施 ①基本数据科目飞行组织 ②边界数据科目飞行组织 3）试飞数据 ①测试所得数据统计 ②数据分析并提出优化方案	（1）方法：讲授法、案例教学法、实训（练习）法 （2）重点与难点：执行试飞	8
		（2）无人机优化试飞	1）试飞科目设计与组织 ①基本PID参数 ②其他参数 2）优化试飞数据 ①统计优化试飞所得数据并与前期试飞数据进行对比分析 ②得出优化效果结论	（1）方法：讲授法、实训（练习）法 （2）重点与难点：数据统计与分析	8

续表

模块	课程	学习单元	课程内容	培训建议	课堂学时
3. 技术管理	3-1 项目管理	(1) 项目规划	1) 项目前期工作把控 ①项目可行性研究与验证 ②项目实施内容研究与项目实施方法的制定 2) 项目全局规划管理 ①项目前期准备工作安排 ②项目内容实施规划 ③项目成果阶段性评估与优化 ④项目验收计划	(1) 方法：讲授法、案例教学法 (2) 重点：项目全局规划	4
		(2) 项目实施与过程把控	1) 按照前期安排组织完成准备工作 2) 按照项目内容实施规划组织实施项目内容 3) 对项目内容中飞行活动风险的把控 4) 对项目进展对应规划的时间进行把控 5) 组织阶段性评估，得出优化方案并组织实施	(1) 方法：讲授法、案例教学法 (2) 难点：项目把控	2
	3-2 人员与资源协同管理	(1) 人员管理	1) 岗位任命 2) 岗位协调 3) 工作安排	(1) 方法：讲授法、案例教学法 (2) 重点：岗位协调和工作安排	2
		(2) 资源管理	1) 资源收集 2) 资源分配 3) 资源把控	(1) 方法：讲授法、案例教学法 (2) 重点与难点：人员与资源协同管理	2

续表

模块	课程	学习单元	课程内容	培训建议	课堂学时
3. 技术管理	3-3 风险预测、评估与决策	(1) 风险预测	1) 根据任务要求预测风险	(1) 方法：讲授法、案例教学法 (2) 重点：风险预测	4
			2) 根据作业环境预测风险		
			3) 预测可能发生的意外情况		
		(2) 风险分析评估	1) 风险分析	(1) 方法：讲授法、案例教学法 (2) 重点：风险评估 (3) 难点：风险决策	2
			2) 风险评估		
			3) 制定风险预解决方案		
		(3) 合理规避风险	1) 预前规避	(1) 方法：讲授法、案例教学法 (2) 重点与难点：风险规避	4
			2) 过程规避		
			3) 成果规避		
课堂学时合计					56

2.2.7 培训建议中培训方法说明

1. 讲授法

讲授法指教师主要运用语言讲述，系统地向学员传授知识，传播思想观念。即教师通过叙述、描绘、解释、推论来传递信息，传授知识，阐明概念，论证定律和公式，引导学员获取知识，认识和分析问题。

2. 实训（练习）法

实训（练习）法指学员在教师的指导下巩固知识、运用知识，形成技能技巧的方法。即通过实际操作的练习，形成操作技能。

3. 演示法

演示法指在教学过程中，教师通过示范操作和讲解使学员获得知识、技能的教学方法。教学中，教师对操作内容进行现场演示，边操作边讲解，强调操作的关键步骤和注意事项，使学员边学边做，理论与技能并重，师生互动，提高学员的学习兴趣和学习效率。

4．案例教学法

案例教学法指通过对案例进行分析，提出问题，分析问题，并找到解决问题的途径和手段，培养学员分析问题、处理问题的能力。

2.3 考核规范

2.3.1 职业基本素质培训考核规范

模块	考核比重（%）	考核内容	考核比重（%）	考核单元
1．职业认知与职业道德	4	1–1 职业认知	2	职业认知
		1–2 职业道德	2	职业道德
2．无人机基础知识	10	2–1 无人机概述	7	（1）无人机相关概念及应用
				（2）无人机分类
		2–2 无人机发展历程	3	无人机发展历程
3．无人机系统组成	15	3–1 飞行器	6	飞行器
		3–2 控制站	5	（1）航行要素
				（2）控制站显示系统
				（3）控制站操控系统
		3–3 通信链路	4	（1）通信链路概述
				（2）机载链路设备
				（3）地面链路设备
4．飞行原理	15	4–1 国际标准大气	3	国际标准大气
		4–2 空气动力学基础	7	（1）牛顿三大运动定律
				（2）力的平衡与分解
				（3）翼型与气动力
				（4）升力
				（5）阻力
				（6）升阻特性
				（7）特殊气动状态
		4–3 机动飞行中的空气动力	5	机动飞行中的空气动力

模块	考核比重（%）	考核内容	考核比重（%）	考核单元
5．无人机结构及性能	15	5-1 无人机结构	15	（1）固定翼无人机结构及性能
				（2）无人直升机结构及性能
		5-2 无人机性能		（3）多旋翼无人机结构及性能
6．航空气象	5	6-1 大气状态	1	（1）大气成分与结构
				（2）基本气象要素
		6-2 大气运动	1	大气运动
		6-3 影响飞行的天气现象	2	（1）云与降水
				（2）视程障碍天气
				（3）气团与锋面
				（4）雷暴
				（5）积冰
				（6）山地气流
				（7）低空风切变
		6-4 航空气象资料分析	1	（1）地面天气图
				（2）卫星云图
				（3）天气预报图
7．无人机交通管理	11	7-1 空中交通管理	4	空中交通管理
		7-2 空域知识	4	（1）空域分类
				（2）空域运行
		7-3 机场及起降场	3	机场及起降场
8．安全飞行	15	8-1 安全飞行的重要性	4	安全飞行的重要性
		8-2 实现无人机安全飞行的途径	11	实现无人机安全飞行的途径
9．相关法律、法规知识	10	9-1 国家相关法律、法规	4	（1）国家相关法律
				（2）民航相关法律、法规
		9-2 行业相关规定	6	无人机驾驶员及无人机运行、监管相关规定

2.3.2 五级／初级职业技能培训理论知识考核规范

考核范围	考核比重（%）	考核内容	考核比重（%）	考核单元
1．飞行准备	30	1-1　预先准备	15	（1）勘察飞行环境
				（2）制定与申报飞行计划
		1-2　直接准备	15	展开无人机系统及飞行前检查
2．飞行实施	40	2-1　飞行稳定控制	20	（1）模拟飞行
		2-2　简易航线飞行	20	（2）实际飞行
3．飞行后工作	30	3-1　飞行后检查	15	飞行后工作
		3-2　无人机系统撤收	15	

2.3.3 五级／初级职业技能培训操作技能考核规范

考核范围	考核比重（%）	考核内容	考核比重（%）	考核形式	选考方式	考核时间（分钟）	重要程度
1．飞行准备	30	1-1　预先准备	15	实操	选考	5	Z
		1-2　直接准备	15	实操	选考	5	Y
2．飞行实施	40	2-1　飞行稳定控制	20	实操	必考	10	X
		2-2　简易航线飞行	20	实操	必考	10	X
3．飞行后工作	30	3-1　飞行后检查	15	实操	选考	5	Z
		3-2　无人机系统撤收	15	实操	选考	5	Z

重要程度说明：

"X"表示核心要素，是鉴定中最重要、出现频率最高的内容，具有必备性、典型性的特点；"Y"表示一般要素，是鉴定中一般重要的内容；"Z"表示辅助要素，是鉴定中重要程度较低的内容。

2.3.4 四级／中级职业技能培训理论知识考核规范

考核范围	考核比重（%）	考核内容	考核比重（%）	考核单元
1. 飞行准备	30	1-1 预先准备	15	（1）作业准备
				（2）飞行预先准备
		1-2 飞行前检查	15	飞行前检查
2. 飞行实施	40	2-1 模拟器的安装与使用	10	模拟器的安装与使用
		2-2 起飞和降落	10	（1）模拟飞行
		2-3 视距内机动航线飞行	20	（2）实际飞行
3. 飞行后工作	30	3-1 数据下载	10	数据获取
		3-2 维护	20	（1）机体检查及基础维护
				（2）动力系统检查及基础维护

2.3.5 四级／中级职业技能培训操作技能考核规范

考核范围	考核比重（%）	考核内容	考核比重（%）	考核形式	选考方式	考核时间（分钟）	重要程度
1. 飞行准备	30	1-1 预先准备	15	实操	选考	5	Z
		1-2 飞行前检查	15	实操	选考	5	Z
2. 飞行实施	40	2-1 模拟器的安装与使用	10	实操	必考	10	Y
		2-2 起飞和降落	10	实操	必考	10	X
		2-3 视距内机动航线飞行	20	实操	必考	10	X
3. 飞行后工作	30	3-1 数据下载	15	实操	选考	5	Y
		3-2 维护	15	实操	选考	5	Z

2.3.6　三级 / 高级职业技能培训理论知识考核规范

考核范围	考核比重（%）	考核内容	考核比重（%）	考核单元
1．飞行准备	30	1-1　执行作业方案	10	执行作业方案
		1-2　调试载荷设备	10	准备载荷设备
		1-3　飞行前检查	10	飞行前检查
2．飞行实施	40	2-1　超视距航线飞行	15	（1）地面站设置及航线规划
				（2）地面站连接
				（3）地面站操控飞行
		2-2　视距内机动航线飞行	15	（1）模拟飞行
		2-3　紧急情况处置	10	（2）实际飞行
3．飞行后工作	30	3-1　数据处理	15	数据处理
		3-2　维护	15	日常维护

2.3.7　三级 / 高级职业技能培训操作技能考核规范

考核范围	考核比重（%）	考核内容	考核比重（%）	考核形式	选考方式	考核时间（分钟）	重要程度
1．飞行准备	30	1-1　执行作业方案	10	实操	选考	5	Y
		1-2　调试载荷设备	10	实操	必考	10	X
		1-3　飞行前检查	10	实操	选考	5	Z
2．飞行实施	40	2-1　超视距航线飞行	15	实操	必考	10	X
		2-2　视距内机动航线飞行	15	实操	必考	10	X
		2-3　紧急情况处置	10	实操	必考	5	X
3．飞行后工作	30	3-1　数据处理	15	实操	选考	5	Z
		3-2　维护	15	实操	选考	5	Z

2.3.8　二级／技师职业技能培训理论知识考核规范

考核范围	考核比重（％）	考核内容	考核比重（％）	考核单元
1．飞行准备	20	1-1　制定作业方案	10	制定作业方案
		1-2　选配载荷设备	10	选配载荷设备
2．飞行实施	30	2-1　超视距航线飞行	15	超视距航线飞行
		2-2　紧急情况处置	15	特情识别与处置
3．飞行后工作	30	3-1　作业成果分析	15	作业记录与分析
		3-2　维护	15	深度维护
4．培训指导	20	4-1　基本素质培训	10	（1）实施基本素质培训
				（2）评估基本素质培训效果
		4-2　技能操作指导	10	技能操作指导

2.3.9　二级／技师职业技能培训操作技能考核规范

考核范围	考核比重（％）	考核内容	考核比重（％）	考核形式	选考方式	考核时间（分钟）	重要程度
1．飞行准备	20	1-1　制定作业方案	10	实操	必考	10	Y
		1-2　选配载荷设备	10	实操	必考	5	Y
2．飞行实施	30	2-1　超视距航线飞行	15	实操	必考	10	X
		2-2　紧急情况处置	15	实操	必考	10	X
3．飞行后工作	30	3-1　作业成果分析	15	实操	必考	5	Y
		3-2　维护	15	实操	必考	5	Y
4．培训指导	20	4-1　基本素质培训	10	实操	必考	10	X
		4-2　技能操作指导	10	实操	必考	10	X

2.3.10 一级／高级技师职业技能培训理论知识考核规范

考核范围	考核比重（％）	考核内容	考核比重（％）	考核单元
1. 任务准备	40	1-1 无人机系统搭建	20	(1) 无人机系统搭设
				(2) 无人机系统调试
		1-2 飞行任务指导	20	飞行任务指导
2. 任务组织	25	2-1 新兴驾驶技术应用	10	新兴驾驶技术应用
		2-2 新设备试验飞行	15	(1) 无人机性能试飞
				(2) 无人机优化试飞
3. 技术管理	35	3-1 项目管理	10	(1) 项目规划
				(2) 项目实施与过程把控
		3-2 人员与资源协同管理	10	(1) 人员管理
				(2) 资源管理
		3-3 风险预测、评估与决策	15	(1) 风险预测
				(2) 风险分析评估
				(3) 合理规避风险

2.3.11 一级／高级技师职业技能培训操作技能考核规范

考核范围	考核比重（％）	考核内容	考核比重（％）	考核形式	选考方式	考核时间（分钟）	重要程度
1. 任务准备	40	1-1 无人机系统搭建	20	实操	必考	10	X
		1-2 飞行任务指导	20	实操	必考	10	X
2. 任务组织	25	2-1 新兴驾驶技术应用	10	实操	必考	5	Y
		2-2 新设备试验飞行	15	实操	必考	15	X
3. 技术管理	35	3-1 项目管理	10	实操	必考	10	Y
		3-2 人员与资源协同管理	10	实操	必考	10	Y
		3-3 风险预测、评估与决策	15	实操	必考	10	Y

附录

培训要求与课程规范对照表

附录1 职业基本素质培训要求与课程规范对照表

2.1.1 职业基本素质培训要求			2.2.1 职业基本素质培训课程规范			
职业基本素质模块（模块）	培训内容（课程）	培训细目	学习单元	课程内容	培训建议	课堂学时
1. 职业认知与职业道德	1-1 职业认知	（1）无人机驾驶员职业定义 （2）无人机驾驶员工作内容 （3）无人机驾驶员就业要求 （4）无人机驾驶员就业方向和就业前景	职业认知	1）无人机驾驶员职业定义 2）无人机驾驶员工作内容 3）无人机驾驶员就业要求 4）无人机驾驶员就业方向和就业前景	（1）方法：讲授法 （2）重点：无人机驾驶员职业定义与工作内容	1
	1-2 职业道德	（1）公民道德基本规范和社会主义核心价值观 （2）职业道德基本要求 （3）职业守则基本内容	职业道德	1）道德 ①道德的含义 ②公民道德基本规范 ③社会主义核心价值观 2）职业道德 ①职业道德的概念 ②服务态度、服务质量、职业道德三者的关系 ③职业道德基本要求 3）职业守则 ①刻苦学习、钻研业务、爱岗敬业、遵纪守法 ②诚信正直、团结协作、勇于担责、服务热情 ③操作规范、安全生产、精益求精、工匠精神 ④科学严谨、低能高效、生态环保、持续发展	（1）方法：讲授法、案例教学法 （2）重点：明确无人机驾驶员职业道德基本要求，遵守职业守则	1
2. 无人机基础知识	2-1 无人机概述	（1）无人机的概念 （2）无人机系统的概念 （3）无人机应用	（1）无人机相关概念及应用	1）无人机的概念 2）无人机系统的概念 3）无人机应用	（1）方法：讲授法 （2）重点：理解无人机和无人机系统的概念	1

2.1.1 职业基本素质培训要求			2.2.1 职业基本素质培训课程规范			
职业基本素质模块（模块）	培训内容（课程）	培训细目	学习单元	课程内容	培训建议	课堂学时
2. 无人机基础知识	2-1 无人机概述	（4）无人机分类	（2）无人机分类	1）按飞行器平台构型分类 ①固定翼无人机 ②无人直升机 ③多旋翼无人机 ④其他类无人机：无人飞艇、伞翼无人机、扑翼无人机等	（1）方法：讲授法 （2）重点：了解按无人机飞行器平台构型及用途分类方式	1
				2）按用途分类 ①军用无人机 ②民用无人机		
				3）按尺寸及重量分类 ①微型无人机 ②轻型无人机 ③小型无人机 ④大型无人机		
				4）按活动半径分类 ①超近程无人机 ②近程无人机 ③短程无人机 ④中程无人机 ⑤远程无人机		
				5）按任务高度分类 ①超低空无人机 ②低空无人机 ③中空无人机 ④高空无人机 ⑤超高空无人机		
	2-2 无人机发展历程	（1）无人机发展阶段 （2）各阶段无人机发展概况	无人机发展历程	1）无人机起源	（1）方法：讲授法 （2）重点：了解各发展阶段无人机的特点	1
				2）20世纪30年代具有代表性的无人机		
				3）20世纪60年代具有代表性的无人机		
				4）现代无人机发展现状		

附录

続表表示: 续表

2.1.1 职业基本素质培训要求			2.2.1 职业基本素质培训课程规范			
职业基本素质模块（模块）	培训内容（课程）	培训细目	学习单元	课程内容	培训建议	课堂学时
3. 无人机系统组成	3-1 飞行器	（1）机体平台 （2）动力装置 （3）导航飞控系统及相关传感器 （4）伺服机构（含调速器） （5）电气系统 （6）载重与配平 （7）发射与回收系统	飞行器	1）机体平台 ①固定翼平台 ②直升机平台 ③多旋翼平台 2）动力装置 ①活塞式发动机 ②电动动力系统 ③涡轮动力发动机 ④螺旋桨 3）导航飞控系统及相关传感器 ①飞控计算机：飞控计算机类型，飞控计算机余度，飞控计算机主要硬件构成，机载飞控软件，飞控计算机自检测，民用通用型飞控计算机等 ②常用传感器：角速率传感器，姿态传感器，高度、空速传感器，位置传感器等 4）伺服机构（含调速器） ①主要类型 ②参数 5）电气系统 ①系统组成：电源、配电系统、用电设备 ②分类：机载电气系统、地面供电系统 6）载重与配平 ①载重 ②重心 ③计算载重的方法与配平 7）发射与回收系统 ①常见无人机发射方式 ②常见无人机回收方式	（1）方法：讲授法 （2）重点：机体平台主要结构、动力装置 （3）难点：理解导航飞控系统、电气系统相关知识	6

2.1.1　职业基本素质培训要求			2.2.1　职业基本素质培训课程规范			
职业基本素质模块（模块）	培训内容（课程）	培训细目	学习单元	课程内容	培训建议	课堂学时
3.　无人机系统组成	3-2　控制站	（1）航行要素基本知识 （2）控制站显示系统 （3）控制站操控系统	（1）航行要素	1）经纬度	（1）方法：讲授法 （2）重点：了解航行要素	1
				2）坐标系与方位		
				3）航向、高度、速度		
			（2）控制站显示系统	1）数字地面控制站显示系统 ①飞行与导航信息 ②数据链状态信息 ③设备状态信息 ④指令信息 ⑤告警信息 ⑥无人机位置信息 ⑦航迹绘制 ⑧地理信息	（1）方法：讲授法 （2）重点：识别数字与模拟电子地面控制站显示信息	2
				2）模拟电子地面控制站显示系统 ①用户名 ②计时器 ③显示FASSTest模式 ④模型名称 ⑤模型类型 ⑥电池电压显示 ⑦数字微调		
			（3）控制站操控系统	1）数字地面控制站操控系统 ①航迹规划界面 ②程序控制操作方法	（1）方法：讲授法 （2）重点：熟悉数字与模拟电子地面控制站操控系统	2
				2）模拟电子地面控制站操控系统 ①飞行控制通道 ②通道组合 ③GPS模式 ④姿态模式 ⑤手动模式		

续表

2.1.1 职业基本素质培训要求			2.2.1 职业基本素质培训课程规范			
职业基本素质模块（模块）	培训内容（课程）	培训细目	学习单元	课程内容	培训建议	课堂学时
3. 无人机系统组成	3-3 通信链路	(1) 通信链路的分类方式 (2) 我国关于无人机系统使用频率的具体标准 (3) 机载链路设备的分类及其作用 (4) 地面链路设备的主要作用及组成	(1) 通信链路概述	1）通信链路的概念	(1) 方法：讲授法 (2) 重点：通信链路常见分类及不同频段的使用 (3) 难点：不同频段的使用	2
				2）通信链路的分类 ①按连接方式分类：点对点连接、多点连接 ②按通信方式分类：单向通信链路、双向通信链路		
				3）我国对民用无人机射频指标的规定 ①上行遥控链路 ②下行遥测与信息传输链路 ③下行链路		
			(2) 机载链路设备	1）遥控接收机	(1) 方法：讲授法 (2) 重点：机载链路设备分类	1
				2）机载数传模块及天线		
				3）机载图传模块及天线		
			(3) 地面链路设备	1）遥控发射机	(1) 方法：讲授法 (2) 重点：地面链路设备的主要作用	1
				2）地面数传模块及天线		
				3）地面图传模块及天线		
4. 飞行原理	4-1 国际标准大气	(1) 国际标准大气的概念与意义 (2) 国际标准大气参数	国际标准大气	1）国际标准大气的概念与意义	(1) 方法：讲授法 (2) 重点：理解国际标准大气的意义	1
				2）国际标准大气参数		
	4-2 空气动力学基础	(1) 牛顿三大运动定律内容 (2) 力的平衡与分解知识	(1) 牛顿三大运动定律	1）牛顿第一运动定律	(1) 方法：讲授法 (2) 重点与难点：理解牛顿三大定律内容	1
				2）牛顿第二运动定律		
				3）牛顿第三运动定律		
			(2) 力的平衡与分解	1）力的平衡及不平衡状态	(1) 方法：讲授法 (2) 重点：力的分解	1
				2）力的分解 ①推力和反作用力阻力 ②重力和反作用力升力		

2.1.1 职业基本素质培训要求			2.2.1 职业基本素质培训课程规范			
职业基本素质模块（模块）	培训内容（课程）	培训细目	学习单元	课程内容	培训建议	课堂学时
4. 飞行原理	4-2 空气动力学基础	（3）不同翼型对气动特性的影响（4）升力的产生原理及其影响因素（5）飞行中阻力的产生原理及其影响因素（6）升阻特性（7）特殊气动状态对飞行的影响	（3）翼型与气动力	1）基本翼型①平凸型②对称型③凹凸型④双凸型⑤S型⑥特种型	（1）方法：讲授法（2）重点：了解基本翼型及主要参数	1
				2）翼型参数及其对气动特性的影响①展弦比②翼型弯度③翼型厚度④翼型最大弯度位置		
			（4）升力	1）连续性定理	（1）方法：讲授法（2）重点与难点：掌握伯努利定律及升力公式基本内容	2
				2）伯努利定律		
				3）升力公式		
				4）升力的影响因素：迎角、面积、空速		
				5）增升装置：襟翼、缝翼		
			（5）阻力	1）废阻力①摩擦阻力②压差阻力③干扰阻力	（1）方法：讲授法（2）重点：了解阻力类型	1
				2）诱导阻力①产生原理②影响因素		
				3）总阻力		
			（6）升阻特性	1）升力特性	（1）方法：讲授法（2）重点：结合升力及阻力的特征了解升阻比特性	1
				2）阻力特性		
				3）升阻比特性		
			（7）特殊气动状态	1）地面效应	（1）方法：讲授法（2）重点：了解特殊气动状态对飞行的影响	1
				2）失速与螺旋		
				3）自旋		

2.1.1 职业基本素质培训要求			2.2.1 职业基本素质培训课程规范			
职业基本素质模块（模块）	培训内容（课程）	培训细目	学习单元	课程内容	培训建议	课堂学时
4. 飞行原理	4-3 机动飞行中的空气动力	（1）飞行转弯时的空气动力 （2）平直飞行/爬升转换期间的升力变化 （3）平直飞行/下降转换期间的升力变化	机动飞行中的空气动力	1）飞行转弯时的空气动力 ①转弯时力的分量 ②内侧滑转弯与外侧滑转弯 2）平直飞行/爬升转换期间的升力变化 3）平直飞行/下降转换期间的升力变化	（1）方法：讲授法 （2）重点：飞行中力的变化	2
5. 无人机结构及性能	5-1 无人机结构	（1）固定翼无人机结构 （2）无人直升机结构 （3）多旋翼无人机结构	（1）固定翼无人机结构及性能	1）固定翼无人机结构 ①机身 ②机翼 ③尾翼 ④起落架 ⑤发动机 2）固定翼无人机性能 ①稳定性：纵向稳定性、航向稳定性、横向稳定性 ②操控性：六个自由度，三个机体轴，俯仰、滚转、偏转，三大主操纵面	（1）方法：讲授法 （2）重点：固定翼无人机结构 （3）难点：固定翼无人机性能	2
	5-2 无人机性能	（1）固定翼无人机性能 （2）无人直升机性能 （3）多旋翼无人机性能	（2）无人直升机结构及性能	1）无人直升机结构 ①主旋翼 ②尾旋翼 ③各传动轴 ④起落架 2）无人直升机性能 ①最大速度 ②平飞性能 ③升降率 ④升限 ⑤航程 ⑥续航时间 ⑦转弯坡度	（1）方法：讲授法 （2）重点：无人直升机结构 （3）难点：无人直升机性能	2
			（3）多旋翼无人机结构及性能	1）多旋翼无人机结构 ①中心板 ②机臂 ③起落架 ④螺旋桨 2）多旋翼无人机性能 ①最大速度 ②平飞性能 ③升降率 ④升限 ⑤航程 ⑥续航时间 ⑦转弯坡度	（1）方法：讲授法 （2）重点：多旋翼无人机结构 （3）难点：多旋翼无人机性能	2

2.1.1 职业基本素质培训要求			2.2.1 职业基本素质培训课程规范			
职业基本素质模块（模块）	培训内容（课程）	培训细目	学习单元	课程内容	培训建议	课堂学时
6. 航空气象	6-1 大气状态	(1) 大气成分 (2) 大气结构 (3) 气温、气压、空气湿度等基本气象要素及其对飞行的影响	(1) 大气成分与结构	1) 大气成分 ①干洁空气 ②水汽 ③大气杂质 2) 大气结构 ①大气垂直分层的依据 ②重要气层的特征 ③对流层和平流层	(1) 方法：讲授法 (2) 重点：了解大气基本结构及对流层、平流层特征	2
			(2) 基本气象要素	1) 气温 ①气温指标 ②气温变化的基本方式 2) 气压 ①航空常用气压概念 ②修正海平面气压 ③场面气压 ④标准海平面气压 3) 空气湿度 ①空气湿度衡量指标 ②空气湿度与气压的关系 4) 基本气象要素对飞行的影响	(1) 方法：讲授法 (2) 重点：基本气象要素对飞行的影响	2
	6-2 大气运动	(1) 大气水平运动知识 (2) 大气垂直运动知识	大气运动	1) 大气的水平运动 ①风的测量 ②自由大气中风压定理 ③摩擦层中风压定理 ④地方性风 2) 大气的垂直运动 ①对流 ②系统性垂直运动 ③大气波动 ④大气乱流	(1) 方法：讲授法 (2) 重点与难点：大气水平及垂直运动对飞行的影响	1
	6-3 影响飞行的天气现象	(1) 云与降水对飞行的影响 (2) 能见度与视程障碍天气对飞行的影响	(1) 云与降水	1) 积状云与层状云 ①形成原因 ②天气现象 2) 降水 ①阵性降水 ②连续性降水	(1) 方法：讲授法 (2) 重点：了解云与降水现象对飞行的影响	1
			(2) 视程障碍天气	1) 能见度的概念与种类 2) 雾 3) 固体杂质形成的视程障碍：烟幕、霾等	(1) 方法：讲授法 (2) 重点：了解视程障碍天气主要类型	1

2.1.1 职业基本素质培训要求			2.2.1 职业基本素质培训课程规范			
职业基本素质模块（模块）	培训内容（课程）	培训细目	学习单元	课程内容	培训建议	课堂学时
6．航空气象	6-3 影响飞行的天气现象	（3）气团与锋面对飞行的影响 （4）雷暴对飞行的影响 （5）积冰对飞行的影响	（3）气团与锋面	1）气团 ①气团的概念 ②气团的分类	（1）方法：讲授法 （2）重点：了解气团与锋面天气现象对飞行的影响	2
				2）锋面 ①暖锋 ②冷锋 ③锋面气旋 ④静止锋		
			（4）雷暴	1）雷暴产生条件 ①深厚而明显的不稳定气层 ②充沛的水汽 ③足够的冲击力	（1）方法：讲授法 （2）重点：了解雷暴对飞行的影响	1
				2）一般雷暴结构与阶段 ①积云阶段 ②成熟阶段 ③消散阶段		
				3）雷暴产生的危险天气现象 ①冰雹 ②风切变 ③湍流		
			（5）积冰	1）飞机积冰的种类 ①冰 ②雾凇 ③霜	（1）方法：讲授法 （2）重点与难点：了解地面积冰的气象条件及其对飞行的影响	2
				2）积冰程度 ①轻度结冰 ②中度结冰 ③严重结冰		
				3）积冰与云 ①积云和积雨云 ②层云和层积云 ③高积云 ④雨层云和高层云		
				4）地面积冰的气象条件		
				5）积冰对飞行的影响		

续表

2.1.1 职业基本素质培训要求			2.2.1 职业基本素质培训课程规范			
职业基本素质模块（模块）	培训内容（课程）	培训细目	学习单元	课程内容	培训建议	课堂学时
6. 航空气象	6-3 影响飞行的天气现象	(6) 山地气流对飞行的影响 (7) 低空风切变对飞行的影响	(6) 山地气流	1) 山地对风的影响及山地气流产生的原因	(1) 方法：讲授法 (2) 重点：了解山地气流对飞行的影响	1
				2) 山地气流对飞行的影响		
			(7) 低空风切变	1) 低空风切变的种类 ①风的水平切变 ②风的垂直切变	(1) 方法：讲授法 (2) 重点与难点：低空风切变的识别及避让	2
				2) 产生低空风切变的天气条件		
				3) 低空风切变对起飞和着陆的影响		
				4) 低空风切变的识别及避让		
	6-4 航空气象资料分析	(1) 地面天气图显示内容及填图格式 (2) 卫星云图上云的识别 (3) 日常航空天气报告图的主要内容 (4) 识读航路天气预报图	(1) 地面天气图	1) 显示内容：气温、露点、风向、风速、水平能见度等	(1) 方法：讲授法 (2) 重点：地面天气图填图格式	1
				2) 填图格式 ①陆地测站填图格式 ②船舶测站填图格式		
			(2) 卫星云图	1) 卫星云图的种类 ①红外线云图 ②可见光卫星云图	(1) 方法：讲授法 (2) 重点与难点：卫星云图上云的识别	1
				2) 卫星云图上云的识别 ①卷状云 ②中云 ③积雨云 ④积云、浓积云 ⑤层云		
			(3) 天气预报图	1) 日常航空天气报告图主要内容 ①云：云量、云状、云高等 ②能见度 ③风 ④天气现象 ⑤气温	(1) 方法：讲授法 (2) 重点与难点：识读航路天气预报图	1
				2) 识读航路天气预报图		

2.1.1　职业基本素质培训要求			2.2.1　职业基本素质培训课程规范			
职业基本素质模块（模块）	培训内容（课程）	培训细目	学习单元	课程内容	培训建议	课堂学时
7. 无人机交通管理	7-1　空中交通管理	(1) 空中交通服务类型 (2) 空中交通流量管理 (3) 空域管理 (4) 空中交通管制部门分类及其职责	空中交通管理	1) 空中交通服务 ①空中交通管制服务 ②飞行情报服务 ③告警服务 2) 空中交通流量管理 3) 空域管理 4) 空中交通管制部门 ①塔台管制室 ②进近管制室 ③区调管制室	(1) 方法：讲授法 (2) 重点：了解空中交通管理基本知识	1
	7-2　空域知识	(1) 空域分类 (2) 飞行空域及飞行计划的申报知识	(1) 空域分类	1) 飞行情报区 2) 空中交通服务空域 3) 禁航区 4) 限制区 5) 危险区	(1) 方法：讲授法 (2) 重点：了解目前民用空域的分类	1
			(2) 空域运行	1) 民用无人机使用的空域 ①融合空域 ②隔离空域 2) 申报飞行空域需提交的文件 ①国籍标志和登记标志 ②驾驶员相应的资质证书 ③飞行器性能数据和三视图 ④可靠的通信保障方案 ⑤特殊情况处置预案 3) 申报飞行计划的内容 ①飞行单位、任务，预计开始飞行与结束时间 ②驾驶员姓名、代号 ③型别与架数 ④起飞、降落地和备降地 ⑤飞行气象条件 ⑥巡航速度、飞行高度和飞行范围 ⑦其他特殊保障需求	(1) 方法：讲授法 (2) 重点与难点：掌握空域及飞行计划申报要求	2

2.1.1　职业基本素质培训要求			2.2.1　职业基本素质培训课程规范			
职业基本素质模块（模块）	培训内容（课程）	培训细目	学习单元	课程内容	培训建议	课堂学时
7. 无人机交通管理	7-3　机场及起降场	（1）机场基准点、机场标高、机场基准温度、飞行区、活动区等相关概念 （2）跑道标志与风向指示器 （3）常见机场灯光	机场及起降场	1）相关概念 ①机场基准点 ②机场标高 ③机场基准温度 ④飞行区 ⑤活动区 2）机场及起降场标志 ①跑道标志 ②风向指示器 3）常见机场灯光 ①跑道灯 ②滑行道灯 ③进近灯光 ④目视进近坡度指示器及精密进近坡度指示器	（1）方法：讲授法 （2）重点与难点：了解机场及起降场的基本概念，能识别机场及起降场标志及灯光	2
8. 安全飞行	8-1　安全飞行的重要性	（1）认识常见不合规飞行现象 （2）了解不合规飞行产生的不良后果	安全飞行的重要性	1）常见不合规飞行现象及其后果 2）不合规飞行的社会危害及对行业发展的影响	（1）方法：讲授法、案例教学法 （2）重点：明确无人机安全飞行的重要性	1
	8-2　实现无人机安全飞行的途径	（1）申报空域及飞行计划 （2）取得无人机驾驶员资质 （3）无人机适航 （4）配备监管与防控系统	实现无人机安全飞行的途径	1）申报空域及飞行计划 ①在合法合规的空域飞行无人机 ②飞行前申报飞行计划 2）取得无人机驾驶员资质 ①参加正规职业培训 ②参加考核并取得相应级别证书或相关资质证明 3）无人机适航 4）监管与防控系统 ①无人机实名登记 ②接入适合的无人机监管系统 ③配备适当的无人机防控系统	（1）方法：讲授法、案例教学法 （2）重点：明确取得无人机驾驶员资质的重要性	2

2.1.1　职业基本素质培训要求			2.2.1　职业基本素质培训课程规范			
职业基本素质模块（模块）	培训内容（课程）	培训细目	学习单元	课程内容	培训建议	课堂学时
9.　相关法律、法规知识	9-1　国家相关法律、法规	（1）国家关于劳动、环境、安全生产等的法律 （2）国家关于航空、飞行等的法律、法规	（1）国家相关法律	1)《中华人民共和国劳动法》相关知识	（1）方法：讲授法、案例教学法 （2）重点：熟悉国家相关法律	2
				2)《中华人民共和国环境保护法》相关知识		
				3)《中华人民共和国安全生产法》相关知识		
			（2）民航相关法律、法规	1)《中华人民共和国民用航空法》相关知识	（1）方法：讲授法、案例教学法 （2）重点：明确民航相关法律、法规对无人机飞行及无人机驾驶员的要求	2
				2)《中华人民共和国飞行基本规则》相关知识		
	9-2　行业相关规定	（1）行业关于无人机驾驶员的规定 （2）行业关于无人机运行及监管的规定	无人机驾驶员及无人机运行、监管相关规定	1)《轻小无人机运行规定（试行）》相关知识	（1）方法：讲授法 （2）重点：行业关于无人机驾驶员及无人机运行、监管的规定	6
				2)《特定类无人机试运行管理规程（暂行)》相关知识		
				3)《民用无人驾驶航空器实名制登记管理规定》相关知识		
				4)《民用无人驾驶航空器系统空中交通管理办法》相关知识		
				5)《民用无人机驾驶员管理规定》相关知识		
课堂学时合计						74

附录2 五级／初级职业技能培训要求与课程规范对照表

2.1.2 五级／初级职业技能培训要求				2.2.2 五级／初级职业技能培训课程规范			
职业功能模块（模块）	培训内容（课程）	技能目标	培训细目	学习单元	课程内容	培训建议	课堂学时
1. 飞行准备	1-1 预先准备	1-1-1 能勘察飞行环境	（1）勘察飞行空域环境 （2）勘察飞行区域地理环境 （3）计划飞行路线	（1）勘察飞行环境	1）获取与分析飞行区域气象预报信息 2）认知与勘察飞行区域地理环境 3）制定最低飞行安全高度 4）标记空域信息及危险区	（1）方法：讲授法、演示法、实训（练习）法 （2）重点：勘察作业区域与获取空域信息	2
		1-1-2 能制定与申报飞行计划	（1）制定飞行计划 （2）申报飞行计划 （3）申请放飞	（2）制定与申报飞行计划	1）制定飞行计划 2）提交申报飞行计划 3）提交申报紧急飞行计划 4）申报临时飞行空域	（1）方法：讲授法、演示法、实训（练习）法 （2）重点：飞行计划申报流程及必要材料准备	2
		1-1-3 能检查飞行必要条件	（1）获取气象预报信息 （2）检查无人机系统完整性				
	1-2 直接准备	1-2-1 能展开无人机系统	（1）组装与架设飞行器平台 （2）准备地面站／遥控器 （3）补充／加注动力能源	展开无人机系统及飞行前检查	1）机／站架设 ①组装与架设飞行器平台 ②准备地面站／遥控器 2）电池安装与电量确认 ①安装电池 ②查看电量 ③智能电池充电 ④系统通电启动 3）检查机体完整性 ①螺旋桨 ②机臂 ③机架	（1）方法：讲授法、演示法、实训（练习）法	4

附录

续表

2.1.2　五级／初级职业技能培训要求				2.2.2　五级／初级职业技能培训课程规范			
职业功能模块（模块）	培训内容（课程）	技能目标	培训细目	学习单元	课程内容	培训建议	课堂学时
1. 飞行准备	1-2 直接准备	1-2-2 能对无人机进行必要的安全检查	（1）检查机体完整性（2）遥控器对频（3）通电与解锁（4）模式识别与切换（5）检查起降环境	展开无人机系统及飞行前检查	4）识别与切换模式 ①飞行模式：第一视角、第三视角、无头模式、航向模式、单点模式、航线模式等 ②控制模式：姿态模式、GPS模式、其他模式 5）检查起降环境 ①确认飞行计划与申请放飞 ②确认气象环境 ③清除起飞区域障碍物	（2）重点与难点：确保对无人机机体检查工作的全面性	
2. 飞行实施	2-1 飞行稳定控制	2-1-1 能操控无人机上升与下降	（1）操控无人机上升（2）操控无人机下降	（1）模拟飞行	1）单通道控制悬停 ①俯仰 ②滚转 ③油门 ④航向 2）双通道控制悬停 ①俯仰与油门 ②滚转与油门 ③俯仰与滚转 ④航向与油门 3）四通道控制悬停 4）平移 ①前后平移 ②左右平移 ③升高与下降 ④水平斜向平移 ⑤垂直斜向平移	（1）方法：讲授法、演示法、实训（练习）法（2）重点与难点：使用模拟器完成无人机起降、悬停操作	8
		2-1-2 能操控无人机完成滚转调节	（1）操控无人机向左滚转（2）操控无人机向右滚转				
		2-1-3 能操控无人机完成俯仰调节	（1）操控无人机上仰（2）操控无人机下俯				

2.1.2 五级／初级职业技能培训要求				2.2.2 五级／初级职业技能培训课程规范			
职业功能模块（模块）	培训内容（课程）	技能目标	培训细目	学习单元	课程内容	培训建议	课堂学时
2. 飞行实施	2-1 飞行稳定控制	2-1-4 能操控无人机完成航向调节	（1）操控无人机增大航向角 （2）操控无人机减小航向角	（2）实际飞行	1）起飞 ①通电 ②解锁 ③模式识别 ④模式转换 ⑤离地	（1）方法：讲授法、演示法、实训（练习）法 （2）重点：单独操控无人机进行简易航线飞行 （3）难点：控制降落中的下降速度	14
	2-2 简易航线飞行	2-2-1 能操控无人机完成一维平移	（1）单通道控制 （2）高度控制 （3）操控无人机完成远近平移 （4）操控无人机完成左右平移 （5）使用投送类载荷设备		2）无头模式飞行 ①远近平移 ②左右平移 ③水平斜向平移 ④垂直斜向平移 ⑤三维斜向平移 ⑥使用投送类载荷设备		
					3）信号识别 ①电量警告 ②定位信号警告		
		2-2-2 能操控无人机完成斜向平移	（1）多通道控制 （2）操控无人机完成水平斜向平移 （3）操控无人机完成垂直斜向平移 （4）操控无人机完成三维斜向平移		4）降落 ①控制飞行器接近降落区 ②控制飞行器下降 ③接地与断电		

2.1.2 五级/初级职业技能培训要求				2.2.2 五级/初级职业技能培训课程规范			
职业功能模块（模块）	培训内容（课程）	技能目标	培训细目	学习单元	课程内容	培训建议	课堂学时
3. 飞行后工作	3-1 飞行后检查	3-1-1 能在无人机降落后检查地面站/遥控器	(1) 地面站/遥控器通道状态检查 (2) 地面站/遥控器开关状态检查	飞行后工作	1）飞行后检查 ①检查地面站通道状态 ②检查遥控器通道状态 ③检查地面站/遥控器开关状态 ④检查机身部件完整性 ⑤检查螺旋桨完整性 ⑥检查线路/管路完整性与密封性	(1) 方法：讲授法、演示法、实训（练习）法 (2) 重点：飞行后检查机体部件的完整性与线路/管路的密封性	2
		3-1-2 能在无人机降落后检查飞行器	(1) 检查螺旋桨 (2) 检查机身部件完整性				
	3-2 无人机系统撤收	3-2-1 能拆卸电池	(1) 拔除电池 (2) 储存电池		2）无人机系统撤收 ①按安全操作要求拔除电池 ②按要求储存电池 ③拆卸机体插拔件 ④折叠机体可折叠件 ⑤将机体回收装箱		
		3-2-2 能撤收机体	(1) 便捷插拔与折叠机体 (2) 机体装箱与运输				
课堂学时合计							32

附录3 四级/中级职业技能培训要求与课程规范对照表

2.1.3 四级/中级职业技能培训要求				2.2.3 四级/中级职业技能培训课程规范			
职业功能模块（模块）	培训内容（课程）	技能目标	培训细目	学习单元	课程内容	培训建议	课堂学时
1. 飞行准备	1-1 预先准备	1-1-1 能根据作业方案规划作业方式	(1) 明确作业方式 (2) 选择作业机型 (3) 明确作业标准	(1) 作业准备	1）作业方式 ①区分作业方式 ②规划作业方式 ③作业机型选择	(1) 方法：讲授法、演示法、实训（练习）法、案例教学法	2

续表

2.1.3 四级／中级职业技能培训要求				2.2.3 四级／中级职业技能培训课程规范			
职业功能模块（模块）	培训内容（课程）	技能目标	培训细目	学习单元	课程内容	培训建议	课堂学时
1.飞行准备	1-1 预先准备	1-1-1 能根据作业方案规划作业方式	（4）分析作业案例	（1）作业准备	2）作业标准 3）作业案例 ①投送类作业案例 ②探测类作业案例 ③载荷安装	（2）重点：理解作业方案	2
		1-1-2 能勘察作业区域	（1）设定安全间隔 （2）预判作业区域危险要素 （3）设计飞行路线	（2）飞行预先准备	1）安全间隔 ①安全间隔设定 ②安全间隔保持 2）预判作业区域危险要素 ①复杂地形 ②特殊气象 3）设计飞行路线 4）接入监管系统 ①系统用户注册 ②无人机注册与绑定 ③接入测试	（1）方法：讲授法、演示法、实训（练习）法 （2）重点：设计飞行路线和接入监管系统 （3）难点：预判作业区域危险要素	
		1-1-3 能安装载荷设备	（1）安装探测类载荷设备 （2）安装投送类载荷设备				
		1-1-4 能接入无人机监管系统	（1）启动监管模块 （2）操作监管系统				
	1-2 飞行前检查	1-2-1 能正确使用飞行前检查单进行检查	（1）理解飞行前检查单内容 （2）正确使用飞行前检查单	飞行前检查	1）使用飞行前检查单检查 ①检查内容 ②使用方法 2）机体检查 ①固定翼无人机机体检查：机身、主翼面、辅助翼面、起落架等 ②无人直升机机体检查：机身、主旋翼、旋翼头、尾桨、各传动轴、起落架等	（1）方法：讲授法、演示法、实训（练习）法 （2）重点：按照飞行前检查单完成飞行前检查	6
		1-2-2 能合作完成对无人机各系统的地面检查	（1）机体检查				

附录

2.1.3 四级/中级职业技能培训要求				2.2.3 四级/中级职业技能培训课程规范			
职业功能模块（模块）	培训内容（课程）	技能目标	培训细目	学习单元	课程内容	培训建议	课堂学时
1. 飞行准备	1-2 飞行前检查	1-2-2 能合作完成对无人机各系统的地面检查	(2) 重量/重心检查 (3) 地面站/遥控器检查 (4) 链路状态检查 (5) 燃料或电池检查 (6) 姿态与位置状态检查 (7) 模式识别与切换	飞行前检查	③多旋翼无人机机体检查：机架、机臂、脚架、螺旋桨等 ④其他类无人机机体检查：气动组件、设备组件等 3) 重量与重心检查 ①确认重量大小 ②确认重心位置 4) 地面站/遥控器检查 ①控制模式 ②杆、开关等 ③配对状态 5) 控制/链路联试 ①飞控系统运行情况 ②数传及图传检查 ③姿态与位置状态检查 6) 燃料或电池检查 ①电源状态检查 ②油料/电量确认	(3) 难点：能与他人合作完成飞行前检查	
2. 飞行实施	2-1 模拟器的安装与使用	2-1-1 能安装和调试模拟器软、硬件	(1) 安装模拟器软件 (2) 模拟器通道校准 (3) 模拟器参数调试	模拟器的安装与使用	1) 模拟器软件安装 2) 模拟器软、硬件调试 ①通道校准 ②参数调试 3) 模拟器使用 ①选择训练机型 ②选择训练场景 ③选择通道	(1) 方法：演示法、实训（练习）法	1
		2-1-2 能正确使用模拟器	(1) 选择训练机型 (2) 选择训练场景				

续表

2.1.3 四级／中级职业技能培训要求				2.2.3 四级／中级职业技能培训课程规范			
职业功能模块（模块）	培训内容（课程）	技能目标	培训细目	学习单元	课程内容	培训建议	课堂学时
2. 飞行实施	2-1 模拟器的安装与使用	2-1-2 能正确使用模拟器	（3）选择通道 （4）调整控制行程 （5）选择训练模式 （6）使用训练辅助功能	模拟器的安装与使用	④调整控制行程 ⑤选择训练模式 ⑥使用训练辅助功能	（2）重点：正确使用模拟器软、硬件	
	2-2 起飞和降落	2-2-1 能操控无人机起飞	（1）选择起飞区域 （2）系统通联 （3）解锁启动 （4）操控无人机起飞离地	（1）模拟飞行	1）各通道练习 ①油门通道练习 ②升降舵通道练习 ③副翼通道练习 ④方向舵通道练习	（1）方法：演示法、实训（练习）法 （2）重点与难点：使用模拟器全通道操控固定翼无人机降落及操控无人直升机、多旋翼无人机四位悬停	8
		2-2-2 能操控无人机着陆	（1）选择降落区域 （2）操控无人机接地与着陆 （3）关闭无人机各系统		2）全通道起飞降落训练（固定翼无人机、其他类无人机） 3）悬停训练（无人直升机、多旋翼无人机） ①对尾悬停 ②对头悬停 ③侧位悬停		
	2-3 视距内机动航线飞行	2-3-1 能操控无人机稳定平飞	（1）控制无人机姿态 （2）控制无人机位置		4）航线飞行（固定翼无人机、无人直升机、多旋翼无人机、其他类无人机） ①改变水平位置 ②改变高度 ③改变航向 ④矩形航线飞行		
				（2）实际飞行	1）评估起降条件 ①风向		24

续表

2.1.3 四级／中级职业技能培训要求				2.2.3 四级／中级职业技能培训课程规范			
职业功能模块（模块）	培训内容（课程）	技能目标	培训细目	学习单元	课程内容	培训建议	课堂学时
2. 飞行实施	2-3 视距内机动航线飞行	2-3-1 能操控无人机稳定平飞	（3）使用探测类载荷设备	（2）实际飞行	②场地周边障碍物 ③安全距离	（1）方法：讲授法、演示法、实训（练习）法	
		2-3-2 能操控无人机改变高度	（1）控制无人机飞行速度 （2）控制无人机升降速率 （3）操控无人机转换升降／平飞状态		2）起飞（固定翼无人机） ①通电 ②解锁 ③模式识别 ④模式转换 ⑤滑跑 ⑥离地		
					3）起飞（无人直升机、多旋翼无人机、其他类无人机） ①通电 ②解锁 ③模式识别 ④模式转换 ⑤离地		
		2-3-3 能操控无人机改变速度	（1）操控无人机加速 （2）操控无人机减速 （3）控制无人机最大／最小速度		4）姿态模式起落航线飞行（固定翼无人机、其他类无人机） ①一边爬升 ②二边爬升 ③三边平飞 ④四边下降 ⑤五边下降 ⑥使用探测类载荷设备		
		2-3-4 能操控无人机转弯	（1）操控无人机进入转弯 （2）操控无人机保持转弯		5）GPS模式飞行（无人直升机、多旋翼无人机） ①对尾悬停 ②四位悬停 ③斜向平移 ④改变航向 ⑤圆形航线飞行 ⑥水平8字航线飞行 ⑦使用探测类载荷设备		

2.1.3 四级／中级职业技能培训要求				2.2.3 四级／中级职业技能培训课程规范			
职业功能模块（模块）	培训内容（课程）	技能目标	培训细目	学习单元	课程内容	培训建议	课堂学时
2. 飞行实施	2-3 视距内机动航线飞行	2-3-4 能操控无人机转弯	（3）操控无人机改出转弯（4）操控无人机悬停转弯	（2）实际飞行	6）降落①选择降落区域②控制降落位置③控制下降速度④接地与断电	（2）重点与难点：操作固定翼无人机进行五边下降及拉平着陆，操控无人直升机、多旋翼无人机完成水平8字航线飞行	
3. 飞行后工作	3-1 数据下载	3-1-1 能下载飞行相关数据	（1）下载飞行日志数据（2）读取监管系统记录数据	数据获取	1）获取飞行数据①飞行日志数据②监管系统记录数据	（1）方法：讲授法、演示法、实训（练习）法（2）重点：下载作业数据	1
		3-1-2 能下载作业相关数据	（1）下载探测类载荷设备作业数据（2）下载其他作业类设备作业数据		2）获取作业数据①探测类载荷设备作业数据②其他作业类设备作业数据		
	3-2 维护	3-2-1 能对机体进行检查及基础维护	（1）机体部件完整性检查（2）机体部件维护与拆装	（1）机体检查及基础维护	1）标准件／通用工具的认知及使用 2）固定翼无人机机体检查及基础维护：螺旋桨、机身、主要翼面、辅助翼面、起落架 3）无人直升机机体检查及基础维护：主旋翼、旋翼头、尾桨、各传动轴、起落架 4）多旋翼无人机机体检查及基础维护：机架、机臂、脚架、螺旋桨	（1）方法：讲授法、演示法、实训（练习）法（2）重点：机体检查及基础维护要点	4

附录

2.1.3 四级/中级职业技能培训要求				2.2.3 四级/中级职业技能培训课程规范			
职业功能模块（模块）	培训内容（课程）	技能目标	培训细目	学习单元	课程内容	培训建议	课堂学时
3. 飞行后工作	3-2 维护	3-2-1 能对机体进行检查及基础维护	（3）机体部件清洁操作	（1）机体检查及基础维护	5）其他类无人机机体检查及基础维护：气动组件、设备组件		
					6）机体部件清洁操作 ①机械部件（机体表面及内部）清洁操作 ②电子部件（设备及其线路）清洁操作	（3）难点：对无人机系统各部件进行拆装	
		3-2-2 能对动力系统进行检查及基础维护	（1）动力系统能源补充/加注操作 （2）动力系统部件的检查与维护	（2）动力系统检查及基础维护	1）动力系统能源补充/加注操作 ①常用电池充/放电标准 ②常用电池使用环境 ③常用电池安全储存标准 ④发动机燃油调配与加注	（1）方法：讲授法、演示法、实训（练习）法	4
					2）动力系统部件的检查与维护 ①固定翼无人机动力系统部件的检查与维护 ②无人直升机动力系统部件的检查与维护 ③多旋翼无人机动力系统部件的检查与维护 ④其他类无人机动力系统部件的维护与拆装	（2）重点：正确进行无人机动力系统能源补充/加注操作	
课堂学时合计							52

附录4　三级／高级职业技能培训要求与课程规范对照表

2.1.4　三级／高级职业技能培训要求				2.2.4　三级／高级职业技能培训课程规范			
职业功能模块（模块）	培训内容（课程）	技能目标	培训细目	学习单元	课程内容	培训建议	课堂学时
1. 飞行准备	1-1 执行作业方案	1-1-1 能按作业方案准备硬件设备	（1）准备无人机系统 （2）准备任务载荷设备	执行作业方案	1）梳理作业方案要求 ①作业要求 ②作业形式 ③作业人员与设备要求	（1）方法：讲授法、演示法 （2）重点：飞行任务各阶段指挥要求	2
		1-1-2 能根据作业方案组织分工	（1）梳理任务岗位 （2）安排机组成员分工 （3）机组资源管理		2）机组成员分工与机组资源管理		
		1-1-3 能根据任务流程单指挥作业	（1）预先准备流程指挥 （2）直接准备流程指挥 （3）飞行实施流程指挥 （4）飞行后流程指挥		3）指挥飞行任务 ①预先准备流程指挥 ②直接准备流程指挥 ③飞行实施流程指挥 ④数据作业指挥		
	1-2 调试载荷设备	1-2-1 能调试探测类载荷设备	（1）设备状态测试 （2）设备功能调试	准备载荷设备	1）探测类载荷设备调试 ①硬件调试 ②软件调试	（1）方法：演示法、实训（练习）法 （2）重点：设备任务模拟调试	4
		1-2-2 能调试投送类载荷设备	（1）设备状态测试 （2）设备功能调试		2）投送类载荷设备调试 ①硬件调试 ②软件调试		
	1-3 飞行前检查	1-3-1 能完成机站链全系统联试	（1）控制链路联试 （2）任务链路联试	飞行前检查	1）全系统联试 ①遥控上行链路联试 ②数传上下行链路联试 ③图传链路联试	（1）方法：讲授法、演示法、实训（练习）法	4
		1-3-2 能在不同控制站间切换控制权	（1）控制权切换条件 （2）控制权切换操作流程		2）控制权切换 ①控制权切换条件 ②控制权切换操作流程		

续表

2.1.4 三级/高级职业技能培训要求				2.2.4 三级/高级职业技能培训课程规范			
职业功能模块（模块）	培训内容（课程）	技能目标	培训细目	学习单元	课程内容	培训建议	课堂学时
1. 飞行准备	1-3 飞行前检查	1-3-3 能对部分可接受故障进行放行评估	(1) 评估最低系统运行保障条件 (2) 执行故障放行方案	飞行前检查	3) 放行评估 ①飞行前系统检查 ②故障定位 ③故障等级分析	(2) 重点与难点：故障等级分析	
2. 飞行实施	2-1 超视距航线飞行	2-1-1 能认知地面站软件界面	(1) 设置地面站软件 (2) 使用地面站软件界面功能	(1) 地面站设置及航线规划	1) 地面站软件界面 ①识别界面信息 ②高度补偿 ③控制模式 ④航线、航迹显示	(1) 方法：讲授法、演示法、实训（练习）法 (2) 重点与难点：使用地面站软件进行航线规划	4
		2-1-2 能正确进行地面站规划	(1) 规划航线 (2) 设置航点属性参数、航线属性参数、返航点等重点数据		2) 航线编辑 ①航点属性参数 ②航线属性参数 ③航线模板导入与调整 ④返航点设置 ⑤航线保存与导入 3) 自定义航线规划		
		2-1-3 能使用地面站进行实际飞行	(1) 监控基本飞行状态 (2) 切换控制权 (3) 切换控制模式	(2) 地面站连接	1) 地面站设备检查 ①地面站本体硬件检查 ②地面链路等其他硬件检查 2) 无人机与地面站连接	(1) 方法：演示法实训（练习）法 (2) 重点：地面站数传链路连接检查	2
				(3) 地面站操控飞行	1) 地面站操控起飞 2) 地面站航线飞行 ①根据预规划执行飞行操作 ②飞行过程监控：飞行状态，各系统、设备状态 ③地面站链路监控与链路丢失情况处置	(1) 方法：演示法、实训（练习）法	3

续表

2.1.4 三级／高级职业技能培训要求				2.2.4 三级／高级职业技能培训课程规范			
职业功能模块（模块）	培训内容（课程）	技能目标	培训细目	学习单元	课程内容	培训建议	课堂学时
2. 飞行实施	2-1 超视距航线飞行	2-1-3 能使用地面站进行实际飞行	（4）监视各系统、设备状态 （5）各系统、设备状态设置	（3）地面站操控飞行	3）仪表飞行 ①仪表航线飞行 ②仪表返航 4）地面站操控返航	（2）重点：地面站链路丢失情况处置	
	2-2 视距内机动航线飞行	2-2-1 能操控无人机起飞	（1）选择起飞区域 （2）系统通联 （3）解锁启动 （4）操控无人机起飞离地	（1）模拟飞行	1）各通道练习 ①油门通道练习 ②升降舵通道练习 ③副翼通道练习 ④方向舵通道练习 2）全通道起飞降落训练（固定翼无人机、其他类无人机） 3）全通道悬停训练（无人直升机、多旋翼无人机） ①四位悬停 ②悬停中持续偏转 4）起落航线随机位置无功率返航训练（固定翼无人机、其他类无人机） 5）机动航线飞行（无人直升机、多旋翼无人机） ①矩形航线飞行 ②圆形航线飞行	（1）方法：演示法、实训（练习）法 （2）重点与难点：固定翼无人机起落航线随机位置无功率返航，无人直升机、多旋翼无人机圆形航线飞行	8
		2-2-2 能操控无人机指定区域着陆	（1）选择降落区域				

续表

2.1.4 三级/高级职业技能培训要求				2.2.4 三级/高级职业技能培训课程规范			
职业功能模块（模块）	培训内容（课程）	技能目标	培训细目	学习单元	课程内容	培训建议	课堂学时
2.飞行实施	2-2 视距内机动航线飞行	2-2-2 能操控无人机指定区域着陆	（2）操控无人机接地与着陆 （3）关闭无人机各系统	（2）实际飞行	1）起飞 ①通电 ②解锁 ③模式识别 ④模式转换 ⑤离地	（1）方法：演示法、实训（练习）法	32
		2-2-3 能操控无人机稳定平飞	（1）控制无人机姿态 （2）控制无人机位置 （3）控制无人机航向 （4）使用探测类载荷设备		2）舵面控制模式起落航线飞行（固定翼无人机、其他类无人机） ①直线爬升 ②上升转弯 ③平飞 ④下降转弯 ⑤进近		
					3）姿态模式航线飞行（无人直升机、多旋翼无人机） ①水平斜向平移 ②垂直斜向平移 ③三维斜向平移 ④水平8字转弯航线飞行		
		2-2-4 能操控无人机改变高度	（1）控制无人机飞行速度 （2）控制无人机升降速率 （3）操控无人机转换升降/平飞状态		4）FPV航线飞行（固定翼无人机、其他类无人机） ①直线爬升 ②上升转弯 ③平飞 ④下降转弯 ⑤进近		
					5）FPV航线飞行（无人直升机、多旋翼无人机） ①水平斜向平移 ②垂直斜向平移 ③三维斜向平移 ④水平8字航线飞行		

续表

2.1.4 三级／高级职业技能培训要求				2.2.4 三级／高级职业技能培训课程规范			
职业功能模块（模块）	培训内容（课程）	技能目标	培训细目	学习单元	课程内容	培训建议	课堂学时
2. 飞行实施	2-2 视距内机动航线飞行	2-2-5 能操控无人机改变速度	（1）操控无人机加速（2）操控无人机减速（3）控制无人机最大／最小速度	（2）实际飞行	6）紧急情况识别 ①低续航状态 ②风切变 ③交通冲突 ④定位故障	（2）重点：操作固定翼无人机进行起飞、进近与拉平着陆，操控无人直升机、多旋翼无人机完成水平8字航线飞行（3）难点：紧急情况处置	
		2-2-6 能操控无人机改变航向	（1）操控无人机进入转弯（2）操控无人机保持转弯（3）操控无人机改出转弯（4）操控无人机悬停转弯		7）紧急情况处置 ①紧急返航 ②复飞（固定翼无人机、其他类无人机适用）③处置定位故障（无人直升机、多旋翼无人机适用）④模式切换 ⑤迫降		
	2-3 紧急情况处置	2-3-1 能对飞行情况变化作出正确判断	（1）识别不稳定气象条件（2）识别低续航状态（3）识别定位精度缺失				
		2-3-2 能对飞行情况变化作出正确处置	（1）不稳定气象条件下的处置（2）低续航状态的处置（3）定位精度缺失的处置		8）降落 ①选择降落区域 ②控制降落位置 ③控制下降速度 ④接地与着陆		
3. 飞行后工作	3-1 数据处理	3-1-1 能打开与整理作业数据	（1）使用相应软、硬件打开作业数据	数据处理	1）图片处理 ①航拍图片处理 ②航测图片及相应地理数据处理	（1）方法：讲授法、演示法、实训（练习）法	2

续表

2.1.4 三级/高级职业技能培训要求				2.2.4 三级/高级职业技能培训课程规范			
职业功能模块（模块）	培训内容（课程）	技能目标	培训细目	学习单元	课程内容	培训建议	课堂学时
3. 飞行后工作	3-1 数据处理	3-1-1 能打开与整理作业数据	（2）整理作业数据	数据处理	2）视频处理 ①图像剪辑 ②声音处理	（2）重点：图片与视频的后期编辑处理	
		3-1-2 能处理作业数据	（1）编辑作业数据 （2）完成作业成果		3）其他作业数据处理		
	3-2 维护	3-2-1 能对无人机机体进行检查及维护	（1）机体部件完整性检查 （2）机体部件日常维护 （3）运动结构部件清洁与润滑操作	日常维护	1）机体拆卸与清洁		4
					2）运动结构润滑与保险操作 ①各舵面及操控系统部件润滑与保险操作 ②起落架部件润滑与保险操作	（1）方法：演示法、实训（练习）法 （2）重点与难点：机体与动力系统的检查及维护	
		3-2-2 能对动力系统进行检查及维护	（1）动力系统的检查及维护 （2）动力能源部分相关操作		3）动力系统的检查及维护 ①螺旋桨 ②发动机、电动机 ③相关管、线路		
					4）电池与油箱油路的检查及维护		
		3-2-3 能对载荷设备进行检查及维护	（1）检查载荷设备 （2）维护载荷设备		5）载荷设备的检查及维护		
课堂学时合计							65

附录5　二级／技师职业技能培训要求与课程规范对照表

2.1.5　二级／技师职业技能培训要求				2.2.5　二级／技师职业技能培训课程规范			
职业功能模块（模块）	培训内容（课程）	技能目标	培训细目	学习单元	课程内容	培训建议	课堂学时
1. 飞行准备	1-1　制定作业方案	1-1-1　能编写作业方案	(1) 整理任务要求 (2) 明确作业方案编写要求	制定作业方案	1) 作业前调研 ①作业需求调研 ②技术与市场调研 ③执行形式研究	(1) 方法：讲授法、实训（练习）法、案例教学法 (2) 重点：编写作业方案	4
		1-1-2　能调整优化作业要素	(1) 编写任务概况 (2) 梳理作业需求 (3) 选择任务机型 (4) 明确作业方式细则 (5) 优化作业流程 (6) 设定任务相关应急预案		2) 编写作业方案 ①编写任务概况 ②梳理作业需求 ③选择任务机型 ④制定执行方案 ⑤设定应急预案 ⑥作业成果规划与评定		
		1-1-3　能制作任务执行流程单	(1) 确定预先准备阶段工作流程 (2) 确定直接准备阶段工作流程 (3) 确定飞行实施阶段工作流程 (4) 确定应急预案阶段工作流程 (5) 确定飞行后作业阶段工作流程		3) 编写任务执行流程单 ①归纳任务阶段 ②任务组分工 ③编写准备阶段工作流程 ④编写飞行阶段执行流程 ⑤编写应急预案执行流程 ⑥编写数据作业流程		
	1-2　选配载荷设备	1-2-1　能根据任务要求选配探测类载荷设备	(1) 测试设备状态 (2) 调试设备功能	选配载荷设备	1) 探测类载荷设备安装与调试 ①需求对应设备选择 ②硬、软件调试	(1) 方法：演示法、实训（练习）法	4

2.1.5　二级/技师职业技能培训要求				2.2.5　二级/技师职业技能培训课程规范			
职业功能模块（模块）	培训内容（课程）	技能目标	培训细目	学习单元	课程内容	培训建议	课堂学时
1. 飞行准备	1-2 选配载荷设备	1-2-2 能根据任务要求选配投送类载荷设备	（1）测试设备状态 （2）调试设备功能	选配载荷设备	2）投送类载荷设备安装与调试 ①需求对应设备选择 ②硬、软件调试	（2）重点与难点：载荷设备的调试	
2. 飞行实施	2-1 超视距航线飞行	2-1-1 能进行超视距任务的指挥	（1）起降阶段程序指挥 （2）航线阶段程序指挥 （3）飞行阶段切换 （4）监控航行要素 （5）调整航线	超视距航线飞行	1）超视距航线指挥 ①不同飞行阶段程序指挥 ②姿态信息监控 ③位置信息监控与记录 ④设备状态监控与记录	（1）方法：演示法、实训（练习）法 （2）重点与难点：空中交通指令下的飞行态势监控	8
		2-1-2 能进行综合态势的监控	（1）获取并解读航行通告 （2）记录航线作业情况 （3）航行决策		2）空中交通处置 ①获知航行通告 ②解读航行通告 ③航行决策		
	2-2 紧急情况处置	2-2-1 能对飞行紧急情况作出正确判断	（1）动力系统紧急情况判断 （2）链路系统紧急情况判断 （3）气动状态紧急情况判断	特情识别与处置	1）紧急情况识别 ①动力失效 ②传感器异常 ③起落装置失效 ④气象突变 ⑤其他设备异常	（1）方法：演示法、实训（练习）法 （2）重点与难点：独立完成紧急情况的识别与处置	12
		2-2-2 能对飞行紧急情况作出正确处置	（1）正确使用应急检查单 （2）动力系统紧急情况处置 （3）链路系统紧急情况处置 （4）气动状态紧急情况处置		2）紧急情况处置 ①应急返航 ②迫降		

续表

2.1.5　二级／技师职业技能培训要求				2.2.5　二级／技师职业技能培训课程规范			
职业功能模块（模块）	培训内容（课程）	技能目标	培训细目	学习单元	课程内容	培训建议	课堂学时
3．飞行后工作	3-1　作业成果分析	3-1-1　能分析作业相关数据	（1）收集获取作业数据（2）初步评价作业效果	作业记录与分析	1）整理作业记录①任务执行过程记录②作业成果数据记录	（1）方法：讲授法、演示法（2）重点：作业成果分析（3）难点：根据作业成果的分析构思优化方案	4
		3-1-2　能整理作业记录并形成报告	（1）记录任务执行过程与成果（2）明确作业成果评估标准（3）形成成果评估结论		2）作业成果分析①成果评估标准②成果评估结论③成果评估结论影响因素		
		3-1-3　能优化调整作业程序与方式	（1）依据作业报告分析作业相关设备优化选项（2）作业方案程序性优化（3）外部环境优化选择		3）作业优化方案①硬件设备优化方案②执行程序优化方案③外部环境优化选择		
	3-2　维护	3-2-1　能对无人机子系统及部件进行预防性维护	（1）时寿件的维护（2）子系统功能性检测	深度维护	1）子系统检测①动力系统检测②链路系统检测③导航飞控系统检测④机体结构件、零部件检测	（1）方法：演示法、实训（练习）法（2）重点与难点：零部件深度维护过程中对子系统及部件的检测与更换	8
					2）时寿件管理①时寿件维护记录②时寿件统计与更换周期		
		3-2-2　能对无人机子系统及部件进行更换	（1）更换动力系统部件（2）更换链路系统部件（3）更换控制及伺服系统部件		3）部件维护①电动机、电子调速器、发动机、电气线路、动力能源管路等的检测与更换②接收机、数传电台、图传电台、天线等链路硬件的检测与更换③舵面、舵机与传动装置的检测与更换		

2.1.5 二级/技师职业技能培训要求				2.2.5 二级/技师职业技能培训课程规范			
职业功能模块（模块）	培训内容（课程）	技能目标	培训细目	学习单元	课程内容	培训建议	课堂学时
4. 培训指导	4-1 基本素质培训	4-1-1 能利用教学基本原理及技巧引导学员学习基本素质课程	（1）确定学员培训需求 （2）根据课程规范拟订培训计划 （3）做好培训准备 （4）有效实施培训	（1）实施基本素质培训	1）教学基本原理和方法 2）教学技巧 ①教学设计 ②课堂教学技巧与方法 ③有效交流与品质责任 3）培训过程 ①确定学员培训需求 ②拟订培训计划 ③做好培训准备 ④有效实施培训	（1）方法：讲授法、实训（练习）法 （2）重点与难点：了解教学基本原理，掌握教学方法和技巧，有效实施培训	4
		4-1-2 能评估学员基本素质课程学习效果	（1）根据考核规范拟订考核计划 （2）有效实施考核	（2）评估基本素质培训效果	1）拟订考核计划 2）有效实施考核	（1）方法：讲授法、实训（练习）法 （2）重点与难点：考核计划的拟订	4
	4-2 技能操作指导	4-2-1 能完成飞行操作指导	（1）明确课程内容要求 （2）编制技能操作课程计划 （3）按要求指导学员操作 （4）识别偏差点	技能操作指导	1）编制技能操作课程计划 2）实践技能动作演示 3）实践技能动作分解 4）技能动作整合 5）训练评估 ①学员技能水平评估 ②偏差识别与纠正 ③学员技能综合水平评定 6）培训讲评	（1）方法：讲授法、实训（练习）法 （2）重点：指导飞行操作，纠正错误并讲评	8
		4-2-2 能作出学员放单判断	（1）正确评估学员技能水平 （2）明确单飞条件 （3）把控单飞风险				
课堂学时合计							56

附录6 一级/高级技师职业技能培训要求与课程规范对照表

2.1.6 一级/高级技师职业技能培训要求				2.2.6 一级/高级技师职业技能培训课程规范			
职业功能模块（模块）	培训内容（课程）	技能目标	培训细目	学习单元	课程内容	培训建议	课堂学时
1. 任务准备	1-1 无人机系统搭建	1-1-1 能根据飞行任务要求进行无人机系统的设计或选配	（1）根据飞行任务要求设计或构建飞行器平台 （2）根据飞行任务要求和飞行器特点选配控制系统	（1）无人机系统搭设	1）选择无人机 2）选配控制系统 3）平台、控制系统、载荷设备线路施工	（1）方法：讲授法、实训（练习）法 （2）重点与难点：根据外界环境正确完成无人机系统搭设	4
		1-1-2 能根据飞行任务要求对无人机系统进行调试	（1）根据飞行任务要求调试飞行器平台 （2）调试飞控参数	（2）无人机系统调试	1）飞行器平台预防性维护操作 2）飞控参数适应性调整 3）依据运行环境优化系统性能	（1）方法：讲授法、实训（练习）法 （2）重点：飞控参数适应性调整 （3）难点：依据运行环境优化系统性能	8
	1-2 飞行任务指导	1-2-1 能编制飞行指挥程序	（1）飞行任务演练 （2）总结任务执行与指挥要点 （3）组织飞行准备	飞行任务指导	1）飞行任务预先准备 2）任务预演与指挥	（1）方法：讲授法、实训（练习）法	4
		1-2-2 能编制飞行手册	（1）总结与编制系统概况 （2）编制系统运行限制 （3）编制无人机运行/应急程序 （4）编制系统性能手册 （5）编制维护和保养要求 （6）根据手册简化出飞行检查单		3）制定飞行指挥程序 4）收集与编制飞行手册数据 5）根据飞行手册简化出飞行检查单		
		1-2-3 能制定任务评估质量标准	（1）确定任务质量评估项目		6）制定任务质量评估标准		

2.1.6 一级/高级技师职业技能培训要求				2.2.6 一级/高级技师职业技能培训课程规范			
职业功能模块（模块）	培训内容（课程）	技能目标	培训细目	学习单元	课程内容	培训建议	课堂学时
1. 任务准备	1-2 飞行任务指导	1-2-3 能制定任务评估质量标准	(2) 制定评估标准 (3) 制定评估程序	飞行任务指导	7）制定与执行任务质量评估程序	(2) 重点与难点：飞行手册的编制	
2. 任务组织	2-1 新兴驾驶技术应用	2-1-1 能组织开展无人机编队飞行	(1) 认知无人机编队飞行控制原理 (2) 制定无人机编队飞行方案	新兴驾驶技术应用	1）无人机编队飞行 ①编队飞行控制原理 ②编队飞行操作程序 ③编队飞行案例	(1) 方法：讲授法、案例教学法、实训（练习）法 (2) 重点与难点：制定新兴驾驶技术操控程序	4
		2-1-2 能组织开展高精度飞行	(1) 认知高精度飞行原理 (2) 制定高精度飞行方案		2）高精度飞行 ①辅助系统架设 ②操控程序 ③高精度飞行案例		
	2-2 新设备试验飞行	2-2-1 能为获取基本性能及飞行包线数据组织无人机试验飞行	(1) 设计试验飞行科目 (2) 组织实施试验飞行科目 (3) 数据分析与统计	(1) 无人机性能试飞	1）试飞科目设计 ①基本数据科目 ②边界数据科目 2）试飞科目实施 ①基本数据科目飞行组织 ②边界数据科目飞行组织 3）试飞数据 ①测试所得数据统计 ②数据分析并提出优化方案	(1) 方法：讲授法、案例教学法、实训（练习）法 (2) 重点与难点：执行试飞	8
		2-2-2 能为优化飞控PID参数或其他需求组织无人机调试飞行	(1) 设计调试飞行科目 (2) 组织实施调试飞行科目	(2) 无人机优化试飞	1）试飞科目设计与组织 ①基本PID参数 ②其他参数	(1) 方法：讲授法、实训（练习）法	8

2.1.6　一级/高级技师职业技能培训要求				2.2.6　一级/高级技师职业技能培训课程规范			
职业功能模块（模块）	培训内容（课程）	技能目标	培训细目	学习单元	课程内容	培训建议	课堂学时
2.任务组织	2-2 新设备试验飞行	2-2-2 能为优化飞控PID参数或其他需求组织无人机调试飞行	（3）数据分析与调整	（2）无人机优化试飞	2）优化试飞数据 ①统计优化试飞所得数据并与前期试飞数据进行对比分析 ②得出优化效果结论	（2）重点与难点：数据统计与分析	
3.技术管理	3-1 项目管理	3-1-1 能完成项目规划	（1）把控项目前期工作 （2）项目全局规划管理	（1）项目规划	1）项目前期工作把控 ①项目可行性研究与验证 ②项目实施内容研究与项目实施方法的制定 2）项目全局规划管理 ①项目前期准备工作安排 ②项目内容实施规划 ③项目成果阶段性评估与优化 ④项目验收计划	（1）方法：讲授法、案例教学法 （2）重点：项目全局规划	4
		3-1-2 能对项目实施过程进行把控	（1）项目具体实施 （2）项目过程把控	（2）项目实施与过程把控	1）按照前期安排组织完成准备工作 2）按照项目内容实施规划组织实施项目内容 3）对项目内容中飞行活动风险的把控 4）对项目进展对应规划的时间进行把控 5）组织阶段性评估，得出优化方案并组织实施	（1）方法：讲授法、案例教学法 （2）难点：项目把控	2

续表

2.1.6 一级／高级技师职业技能培训要求				2.2.6 一级／高级技师职业技能培训课程规范			
职业功能模块（模块）	培训内容（课程）	技能目标	培训细目	学习单元	课程内容	培训建议	课堂学时
3. 技术管理	3-2 人员与资源协同管理	3-2-1 能对项目组人员进行管理	（1）岗位任命 （2）岗位协调 （3）工作安排	（1）人员管理	1）岗位任命 2）岗位协调 3）工作安排	（1）方法：讲授法、案例教学法 （2）重点：岗位协调和工作安排	2
		3-2-2 能组织协调项目资源	（1）资源收集 （2）资源分配 （3）资源把控	（2）资源管理	1）资源收集 2）资源分配 3）资源把控	（1）方法：讲授法、案例教学法 （2）重点与难点：人员与资源协同管理	2
	3-3 风险预测、评估与决策	3-3-1 能预测分析风险	（1）风险预测 （2）风险分析	（1）风险预测	1）根据任务要求预测风险 2）根据作业环境预测风险 3）预测可能发生的意外情况	（1）方法：讲授法、案例教学法 （2）重点：风险预测	4
		3-3-2 能对风险进行评估与决策	（1）运行案例下的风险评估 （2）风险下的决策	（2）风险分析评估	1）风险分析 2）风险评估 3）制定风险预解决方案	（1）方法：讲授法、案例教学法 （2）重点：风险评估 （3）难点：风险决策	2
		3-3-3 能合理规避风险	（1）预前规避 （2）过程规避 （3）成果规避	（3）合理规避风险	1）预前规避 2）过程规避 3）成果规避	（1）方法：讲授法、案例教学法 （2）重点与难点：风险规避	4
课堂学时合计							56